平法识图与钢筋翻样

（第三版）

黄　梅　主编

中国建筑工业出版社

图书在版编目（CIP）数据

平法识图与钢筋翻样／黄梅主编. — 3 版. — 北京：
中国建筑工业出版社，2022.9（2024.9重印）
ISBN 978-7-112-27845-9

Ⅰ. ①平⋯ Ⅱ. ①黄⋯ Ⅲ. ①钢筋混凝土结构－建筑
构图－识别②建筑工程－钢筋－工程施工 Ⅳ. ①TU375
②TU755.3

中国版本图书馆 CIP 数据核字（2022）第 159471 号

本书根据图集《混凝土结构施工图平面整体表示方法制图规则和构造详图
（现浇混凝土框架、剪力墙、梁、板）》22G101-1、《混凝土结构施工图平面整体表
示方法制图规则和构造详图（现浇混凝土板式楼梯）》22G101-2、《混凝土结构施
工图平面整体表示方法制图规则和构造详图（独立基础、条形基础、筏形基础、
桩基础）》22G101-3 以及国家标准《工程结构通用规范》GB 55001—2021、《建筑
与市政地基基础通用规范》GB 55003—2021、《混凝土结构通用规范》GB 55008—
2021 等规范编写。系统地介绍了钢筋平法识图与翻样的知识。全书的主要内容包
括：平法钢筋翻样基础知识、钢筋通用构造、筏形基础平法识图与钢筋翻样、柱
平法识图与钢筋翻样、剪力墙平法识图与钢筋翻样、梁平法识图与钢筋翻样、板
平法识图与钢筋翻样、楼梯平法识图与钢筋翻样。

本书可供建筑行业造价、施工、结构等人员使用。

责任编辑：郭　栋
责任校对：赵　菲

平法识图与钢筋翻样
（第三版）
黄　梅　主编

*
中国建筑工业出版社出版、发行（北京海淀三里河路 9 号）
各地新华书店、建筑书店经销
北京红光制版公司制版
北京同文印刷有限责任公司印刷
*
开本：850 毫米×1168 毫米　1/32　印张：8⅜　字数：224 千字
2022 年 9 月第三版　　2024 年 9 月第三次印刷
定价：**49.00** 元
ISBN 978-7-112-27845-9
（39911）

本书编委会

主　　编　黄　梅

参　　编　白海军　刘　虎　王　红　王　爽

　　　　　于化波　张　超　张　舫　张　彤

第三版前言

　　鉴于图集 22G101-1《混凝土结构施工图平面整体表示方法制图规则和构造详图（现浇混凝土框架、剪力墙、梁、板）》、22G101-2《混凝土结构施工图平面整体表示方法制图规则和构造详图（现浇混凝土板式楼梯）》、22G101-3《混凝土结构施工图平面整体表示方法制图规则和构造详图（独立基础、条形基础、筏形基础、桩基础）》以及国家标准《工程结构通用规范》GB 55001—2021、《建筑与市政地基基础通用规范》GB 55003—2021、《混凝土结构通用规范》GB 55008—2021 等规范进行了修改，本书第二版的相关内容已经不能适应发展的需要，故本书亟待修订。

　　由于编者的水平有限，书中缺陷乃至错误在所难免，望广大读者给予批评、指正。

编　者

2022 年 7 月

第二版前言

鉴于图集 16G101-1《混凝土结构施工图平面整体表示方法制图规则和构造详图（现浇混凝土框架、剪力墙、梁、板）》、16G101-2《混凝土结构施工图平面整体表示方法制图规则和构造详图（现浇混凝土板式楼梯）》、16G101-3《混凝土结构施工图平面整体表示方法制图规则和构造详图（独立基础、条形基础、筏形基础、桩基础）》以及国家标准《混凝土结构设计规范》GB 50010—2010（2015 年版）、《建筑抗震设计规范》GB 50011—2010 及 2016 年局部修订、《中国地震动参数区划图》GB 18306—2015 等规范进行了修改，本书第一版的相关章节已经不能适应发展的需要，故本书亟待修订。

由于编者的水平有限，书中缺陷乃至错误在所难免，望广大读者给予批评、指正。

编　者
2016 年 12 月

第一版前言

钢筋作为主要的工程材料，以其优越的材料特性，成为大型建筑首选的结构形式，因此，钢筋在建筑结构中的应用比例越来越高。而高质量的钢筋算量是快速、经济、合理的施工的重要条件。

钢筋翻样是根据施工图、相关规范、图集、结构受力原理、施工工艺和计算规则计算钢筋的长度、根数、重量并设计出钢筋图形的一项重要工作。它除了用于材料采购计划、加工、绑扎、成本核算外，还可用于招标、投标、预算、结算和审计，是一项高技术含量的工作。目前，钢筋连接技术发展迅速，但钢筋翻样仍未形成一套完整的理论体系，而从事钢筋工程的设计、施工人员，对于钢筋翻样理论知识的掌握水平以及方法技巧的运用能力等仍有待提高。为了满足钢筋工程技术工作者与其他相关人员的需要，我们根据《11G101-1》《11G101-2》《11G101-3》三本最新图集及国家现行相关的钢筋工程规范、规程以及行业标准，编写了这本《平法识图与钢筋翻样》。

本书内容系统，具有很强的针对性和实用性，结构体系上重点突出、详略得当，还注意了知识的融贯性，突出整合性的编写原则，方便读者理解掌握，可供设计人员、施工技术人员、工程造价人员以及相关专业大中专的师生学习参考。

在本书的编写过程中，我们得到了有关专家和学者的热情帮助，在此表示感谢。由于编者水平和学识有限，尽管编者尽心尽力，反复推敲核实，但仍不免有疏漏或未尽之处，恳请有关专家和读者提出宝贵意见予以批评指正，以便作进一步修改和完善。

编　者
2012 年 7 月

目　　录

1 平法钢筋翻样基础知识

1.1 平法的基础知识

1.1.1 平法概述

平法是由山东大学陈青来教授发明的，其最大的功绩是对结构设计技术方法、板块的建构，使其理论化、系统化，是对传统设计方法的一次深刻变革。

平法是"混凝土结构施工图平面整体表示方法"的简称，包括制图规则和构造详图。概括来讲，就是把结构构件的尺寸和配筋等，按照平面整体表示方法的制图规则，整体直接表达在各类构件的结构平面布置图上，再与标准构造详图相配合，即构成一套新型完整的结构设计。把钢筋直接表示在结构平面图上，并附上各种节点构造详图，一改传统单构件正投影剖面索引再逐个绘制配筋详图和节点构造详图这种烦琐、低效、信息离散的方法。设计师可以用较少的元素，准确地表达丰富的设计意图，图纸信息高度浓缩、整合，集成度高。如在一张梁结构平面图中，可以表达所有梁的几何信息和配筋信息。平法是结构设计中的一种科学合理、简洁高效的设计方法。具体体现在：图纸的数量减少；图纸的层次清晰；图纸的节点统一；识图、记忆、查找、校对、审核、验收较方便；图纸与施工顺序一致，对结构易形成整体概念。

把钢筋直接表示在结构平面图上在施工实践中早已应用，钢筋翻样往往整合图纸内容，把钢筋集中地直接表示在结构平面图上，以方便钢筋工排列和绑扎钢筋。所以，平法最早发源于现场钢筋翻样，但显然没有使其理论化、系统化、标准化，它只是钢筋翻样内部应用的一种方法而已，是比较高效可行、钢筋工相互交流的图形语言和符号，符合和满足钢筋施工的实际需要。

平法中各种节点构造详图是对规范中钢筋节点构造的演绎和扩充。平法主要是解决普遍性问题，钢筋节点构造贫乏，许多特殊性问题和技术难题则有待突破。平法图集中构造详图不仅数量明显不足，远未囊括钢筋工程全部节点，而且有许多节点构造缺乏可操作性和适用性。当然，平法不可能把所有构造、特殊构造标准化。节点构造无法通过内力分析来精确计算，只有通过足尺试验获取数据。

平法将结构设计分为创造性设计内容与重复性（非创造性）设计内容两部分。两部分相辅相成，构成完整的结构设计。

1. 创造性设计内容

设计师采用制图规则中标准符号、数字来体现他的设计内容，属于创造性的设计内容。平法图集是允许存在创造性的设计图集，平法是推荐性标准而不是强制性标准。我们在施工和做预算时，图纸与平法图集有冲突的部位应以图纸为准，设计者可以不按照平法设计，但他必须遵循混凝土设计规范和抗震规范的原则，也不能脱离规程。图集是依据规范设计的，图集是一种标注方法的改良，节点构造的归类。

2. 重复性设计内容

传统设计中大量重复表达的内容，如节点详图，搭接、锚固值，加密范围等，属于重复性、通用性的设计内容。重复性设计内容部分（主要是节点构造和构件构造）以"广义标准化方式"编制成国家建筑标准构造设计，以国家标准图集和正式设计文件的形式从个体的设计文件中剥离出来，以减少设计师的工作量和图纸量，从而使设计师的创造性设计与重复性设计分开。标准构造设计由设计师完成，构造设计缺少下列必要条件：①结构分析结果不包括节点内的应力；②以节点边界内力进行节点设计的理论依据不充分；③节点设计缺少足尺试验依据。构造设计缺少试验依据是普遍现象，现阶段由国家建筑标准设计将其统一起来，是一种理性的选择。

平法系规范规程的应用和延伸，是规范的具体化和细化。平法图集中大量构造节点详图是从《混凝土结构设计规范》GB 50010—2010（2015 年版）和《建筑抗震设计规范》GB 50011—2010 及 2016 年局部修订照搬过来。平法必须以规范、规程为依据，不能脱离和超越规范，不能与规范、规程有冲突和矛盾。

平法的适用性很强，它广泛用于设计、监理、施工、翻样和造价。我们把平法放在整个工程系统中进行参照研究，结合设计、施工和预算实际解读平法，同时以结构理论和规范来理解平法。

平法是一种动态的技术，只有通过工程实践的检验，不断地修正和完善，不断提出新的观点、新的思想，平法才能得到进一步的发展。

1.1.2　平法原理

平法的系统科学原理为：视全部设计过程与施工过程为一个完整的主系统。主系统由多个子系统构成，主要包括以下几个子系统：基础结构、柱墙结构、梁结构、板结构，各子系统有明确的层次性、关联性、相对完整性。

1. 层次性

基础、柱墙、梁、板均为完整的子系统。

2. 关联性

柱、墙以基础为支座——柱、墙与基础关联；梁以柱为支座——梁与柱关联；板以梁为支座——板与梁关联。

3. 相对完整性

基础自成体系，仅有自身的设计内容而无柱或墙的设计内容；柱、墙自成体系，仅有自身的设计内容（包括在支座内的锚固纵筋）而无梁的设计内容；梁自成体系，仅有自身的设计内容（包括锚固在支座内的纵筋）而无板的设计内容；板自成体系，仅有板自身的设计内容（包括锚固在支座内的纵筋）。在设计出图的表现形式上，它们都是独立的板块。

3

平法贯穿了工程生命周期的全过程。平法从应用的角度讲，就是一本有构造详图的制图规则。

1.1.3 平法图集

1. 最新平法图集

最新平法图集包括：

22G101-1《混凝土结构施工图平面整体表示方法制图规则和构造详图（现浇混凝土框架、剪力墙、梁、板)》：适用于抗震设防烈度为 6～9 度地区的现浇混凝土框架、剪力墙、框架-剪力墙和部分框支剪力墙等主体结构施工图的设计。

22G101-2《混凝土结构施工图平面整体表示方法制图规则和构造详图（现浇混凝土板式楼梯)》：适用于抗震设防烈度为 6～9度地区的现浇钢筋混凝土板式楼梯。

22G101-3《混凝土结构施工图平面整体表示方法制图规则和构造详图（独立基础、条形基础、筏形基础、桩基础)》：适用于各类结构下现浇混凝土独立基础、条形基础、筏形基础（分为梁板式和平板式）及桩基础施工图设计。

2. 平法图集的内容

平法图集主要包括平面整体表示方法制图规则和标准构造详图两大部分内容。平法结构施工图包括：

（1）平法施工图

平法施工图是在构件类型绘制的结构平面布置图上，直接按制图规则标注每个构件的几何尺寸和配筋，同时含有结构设计说明。

（2）标准构造详图

标准构造详图提供的是平法施工图图纸中未表达的节点构造和构件本体构造等不需结构设计师设计和绘制的内容。节点构造是指构件与构件之间的连接构造；构件本体构造是指节点以外的配筋构造。

制图规则主要使用文字表达技术规则，标准构造详图是用图形表达的技术规则。两者相辅相成，缺一不可。

1.2 钢筋的基础知识

钢筋按生产工艺分为：热轧钢筋、冷拉钢筋、冷拔钢丝、热处理钢筋、光面钢丝、螺旋肋钢丝、刻痕钢丝和钢绞线、冷轧扭钢筋、冷轧带肋钢筋。

钢筋按轧制外形分为：光圆钢筋、螺纹钢筋（螺旋纹、人字纹）。

钢筋按强度等级分为：HPB300 表示热轧光圆钢筋，符号为Φ；HRB400 表示热轧带肋钢筋，符号为Φ；RRB400 表示余热处理带肋钢筋，符号为Φ^R。

1. 热轧钢筋

热轧钢筋是低碳钢、普通低合金钢在高温状态下轧制而成。钢筋强度提高，其塑性降低。热轧钢筋分为光圆钢筋和热轧带肋钢筋两种，月牙肋钢筋表面及截面形状如图 1-1 所示。

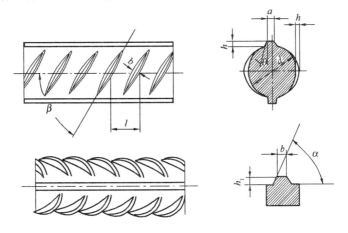

图 1-1 月牙肋钢筋表面及截面形状

d—钢筋直径；α—横肋斜角；h—横肋高度；β—横肋与轴线夹角；

h_1—纵肋高度；a—纵肋斜角；l—横肋间距；b—横肋顶宽

2. 冷轧钢筋

冷轧钢筋是热轧钢筋在常温下通过冷拉或冷拔等方法冷加工

而成。钢筋经过冷拉和时效硬化后，能提高它的屈服强度，但它的塑性有所降低，已逐渐淘汰。

钢丝是用高碳镇静钢轧制成圆盘后经过多道冷拔，并进行应力消除、矫直、回火处理而成。

划痕钢丝是在光面钢丝的表面上进行机械刻痕处理，以增加与混凝土的粘结能力。

3. 余热处理钢筋

余热处理钢筋是经热轧后立即穿水，进行表面控制冷却，然后利用芯部余热自身完成回火等调质工艺处理所得的成品钢筋，热处理后钢筋强度得到较大提高而塑性降低。

4. 冷轧带肋钢筋

冷轧带肋钢筋是热轧圆盘条经冷轧在其表面冷轧成三面或二面有肋的钢筋。冷轧带肋钢筋的牌号由 CRB 和钢筋的抗拉强度最小值构成。C、R、B 分别表示冷轧（Cold rolled）、带肋（Ribbed）、钢筋（Bar）的英文首位大写字母。冷轧带肋钢筋分为 CRB550、CRB650、CRB800、CRB970 四个牌号。CRB550 为普通钢筋混凝土用钢筋，其他牌号为预应力混凝土用钢筋。

CRB550 钢筋的公称直径范围为 4～12mm。CRB650 及以上牌号的公称直径为 4mm、5mm、6mm。

冷轧带肋钢筋的横肋呈月牙形，横肋沿钢筋截面周圈上均匀分布，其中三面肋钢筋有一面肋的倾角必须与另两面反向，两面肋钢筋的一面肋的倾角必须与另一面反向。横肋中心线和钢筋轴线夹角 β 为 $40°～60°$。肋的两侧面和钢筋表面斜角 α 不得小于 $45°$，横肋与钢筋表面呈弧形相交。横肋间隙的总和应不大于公称周长的 20%（图 1-2）。

5. 冷轧扭钢筋

冷轧扭钢筋是用低碳钢钢筋（含碳量低于 0.25%）经冷轧扭工艺制成，其表面呈连续螺旋形（图 1-3）。这种钢筋具有较高的强度，而且有足够的塑性，与混凝土粘结性能优异，

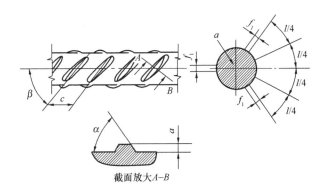

图 1-2　冷轧带肋钢筋表面及截面形状

代替 HPB300 级钢筋可节省钢材约 30%。一般用于预制钢筋混凝土圆孔板、叠合板中的预制薄板以及现浇钢筋混凝土楼板等。

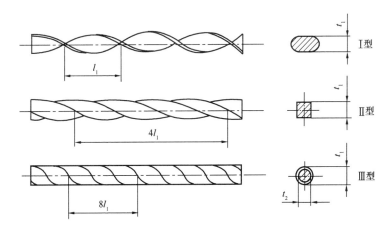

图 1-3　冷轧扭钢筋形状及截面控制尺寸

t_1、t_2—轧扁厚度；l_1—节距

6. 冷拔螺旋钢筋

冷拔螺旋钢筋是热轧圆盘条经冷拔后在表面形成连续螺旋槽的钢筋。冷拔螺旋钢筋的外形见图 1-4。冷拔螺旋钢筋的生产，

可利用原有的冷拔设备，只需增加一个专用螺旋装置和陶瓷模具。该钢筋具有强度适中、握裹力强、塑性好、成本低等优点，可用于钢筋混凝土构件中的受力钢筋，以节约钢材；用于预应力空心板可提高延性，改善构件的使用性能。

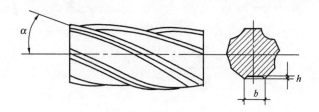

图 1-4　冷拔螺旋钢筋表面及截面形状

7. 钢绞线

钢绞线是由沿一根中心钢丝成螺旋形绕在一起的公称直径相同的钢丝构成（图 1-5）。常用的有 1×3 和 1×7 标准型。

预应力钢筋宜采用预应力钢绞线、钢丝，也可采用热处理钢筋。

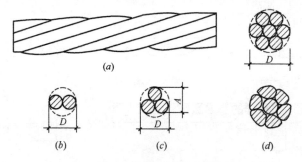

图 1-5　预应力钢绞线表面及截面形状

(a) 1×7 钢绞线；(b) 1×2 钢绞线；

(c) 1×3 钢绞线；(d) 模拔钢绞线

D—钢绞线公称直径；A—1×3 钢绞线测量尺寸

1.3 钢筋翻样基础知识

1.3.1 钢筋翻样的基本要求

钢筋翻样的基本要求如下：

1. 全面性，即不漏项，精通图纸

精通图纸的表示方法，熟悉图纸中使用的标准构造详图，不遗漏建筑结构上的每一构件、每个细节，是钢筋算量的重要前提和主要依据。

2. 准确性，即不少算、不多算、不重算

由于钢筋受力性能不同，故不同构件的构造要求不同，长度与根数也不相同，则准确计算出各类构件中的钢筋工程量，是算量的根本任务。

3. 遵从设计，符合规范要求

钢筋翻样和算量计算过程需遵从设计图纸，应符合国家现行规范、规程与标准的要求，才能保证结构中钢筋用量符合要求。

4. 指导性

钢筋的翻样结果将用于钢筋的绑扎与安装，可以用于预算、结算、材料计划与成本控制等方面。另外，钢筋翻样的结果能够指导施工，通过详细、准确的钢筋排列图可以避免钢筋下料错误，减少钢筋用量的不必要损失。

1.3.2 钢筋翻样的基本原则

钢筋混凝土建筑可以分为基础、柱、墙、梁、板及其他构件。翻样前，必须对建筑整体性有宏观把握及三维空间想象。基础、柱、墙、梁、板是建筑的基本组成构件。楼板承受恒载与活载，主要受弯矩作用；板将荷载传递给梁，无梁结构板的荷载直接传递给柱。梁主要承受弯矩与剪力，梁将荷载转移到柱或墙等竖向构件上。柱主要承受压力。墙除了起围护作用之外，也起承重作用。基础承受竖向构件的荷载并将荷载均匀地传递到地基上。根据力的传递规律确定本体构件与关联构件，即确定"谁是谁的支座"的问题。本体构件的箍筋贯通,关联构件锚入本体构件,箍筋不进入支座,重合部位的钢筋不重复布置。由于构件间存在这种关联,钢筋翻样师必须考虑构件之间的相互扣减与关联锚固。引起结构产生内力和变形的不仅是荷载,其他原因也可能使结构产生内力和变形。

在宏观把握工程结构主要构件的基础上,需要对每一构件计算的那些钢筋进行细化,从微观的层面进行分析,例如构件包括受力钢筋、箍筋、分布钢筋、构造钢筋与措施钢筋。然后,针对每一种构件具体需要计算哪些钢筋,做到心中有数。

1.3.3 钢筋翻样的方法

钢筋翻样的方法如下:

1. 纯手工法

纯手工法是最原始但比较可靠的传统方法,现在仍是人们最常用的方法。与软件相比,具有极强的灵活性,但运算速度和效率远不如软件。

2. 电子表格法

以模拟手工的方法,在电子表格中设置一些相应的计算公式,让软件去汇总,可以减轻一部分工作量。

3. 单根法

单根法是钢筋软件最基本、最简单也是万能输入的一种方法。有的软件已能让用户自定钢筋形状,可以处理任意形状钢筋的计算。这种方法很好地弥补了电子表格中钢筋形状不好处理的问题,但其效率仍然较低,智能化、自动化程度也低。

4. 单构件法(或称参数法)

这种方法比起单根法又进化了一步,也是目前仍然在大量使用的一种方法。这种模式简单、直观,通过软件内置各种有代表性标准的典型性构件图库,并内置相应的计算规则。用户可以输入各种构件截面信息、钢筋信息和一些公共信息,软件自动计算出构件的各种钢筋的长度和数量。但其弱点是适应性差,软件中内置的图库总是有限的,也无法穷举日益复杂的工程实际。遇到与软件中构件不一致的构件，软件往往无能为力；特别是一些复杂的异形构件，用构件法是难以处理的。

5. 图形法（或称建模法）

这是一种钢筋翻样的高级方法，也是比较有效的方法。与结构设计的模式类似，即首先设置建筑的楼层信息、与钢筋有关的各种参数信息、各种构件的钢筋计算规则、构造规则以及钢筋的接头类型等一系列参数，然后根据图纸建立轴网，布置构件，输入构件的几何属性和钢筋属性，软件自动考虑构件之间的关联扣减，进行整体计算。由于软件能自动读取构件的相关信息，所以构件参数输入少。这种方法智能化程度高，同时对各种形状复杂的建筑也能处理。但其操作方法复杂，特别是建模使一些计算机水平不高的人望而生畏。

6. CAD 转化法

目前为止，这是效率最高的钢筋翻样技术，就是利用设计院的 CAD 电子文件进行导入和转化，从而变为钢筋软件中的模型，让软件自动计算。这种方法可以省去用户建模的步骤，大大提高了钢筋计算的时间。但这种方法有两个前提：一是要有 CAD 电子文档；二是软件的识别率和转化率高，两者缺一不可。如果没有 CAD 电子文档，是否可以寻找其他的解决之道，如用数码相机拍摄的数字图纸为钢筋软件所能兼容和识别的格式，从而为图纸转化创造条件。当前，识别率不能达到理想的全识别技术也是困扰钢筋软件研发人员的一大问题，因为即使是 99％的识别率，用户还是需要用 99％的时间去查找 1％的错误，有时如大海捞针，只能逐一检查，这样反而浪费了不少时间。

以上方法往往需要结合使用，没有哪种方法可以解决钢筋翻样的所有问题。

2 钢筋通用构造

2.1 混凝土结构的环境类别

影响混凝土结构耐久性最重要的因素就是环境，环境分类应根据其对混凝土结构耐久性的影响而确定。混凝土结构环境类别的划分主要适用于混凝土结构正常使用极限状态的验算和耐久性设计，环境类别的划分应符合表 2-1 的要求。

混凝土结构的环境类别 表 2-1

环境类别	条件
一	室内干燥环境 无侵蚀性静水浸没环境
二 a	室内潮湿环境 非严寒和非寒冷地区的露天环境 非严寒和非寒冷地区与无侵蚀性的水或土壤直接接触的环境 严寒和寒冷地区的冰冻线以下与无侵蚀性的水或土壤直接接触的环境
二 b	干湿交替环境 水位频繁变动环境 严寒和寒冷地区的露天环境 严寒和寒冷地区冰冻线以上与无侵蚀性的水或土壤直接接触的环境
三 a	严寒和寒冷地区冬季水位变动区环境 受除冰盐影响环境 海风环境
三 b	盐渍土环境 受除冰盐作用环境 海岸环境

12

环境类别	条 件
四	海水环境
五	受人为或自然的侵蚀性物质影响的环境

注：1. 室内潮湿环境是指构件表面经常处于结露或湿润状态的环境。

　　2. 严寒和寒冷地区的划分应符合国家标准《民用建筑热工设计规范》GB 50176 的有关规定。

　　3. 海岸环境和海风环境宜根据当地情况，考虑主导风向及结构所处迎风、背风部位等因素的影响，由调查研究和工程经验确定。

　　4. 受除冰盐影响环境是指受到除冰盐盐雾影响的环境；受除冰盐作用环境是指被除冰盐溶液溅射的环境以及使用除冰盐地区的洗车房、停车楼等建筑。

　　5. 混凝土结构的环境类别是指混凝土暴露表面所处的环境条件。

2.2 受力钢筋的混凝土保护层厚度

2.2.1 混凝土保护层的作用

混凝土结构中，钢筋被包裹在混凝土内，由受力钢筋外边缘到混凝土构件表面的最小距离称为保护层厚度。混凝土保护层的作用为：

（1）保证混凝土与钢筋共同工作。

确保混凝土与钢筋共同工作，是保证结构构件承载能力和结构性能的基本条件。

混凝土是抗压性能较好的脆性材料，钢筋是抗拉性能较好的延性材料。这两种材料各以其抗压、抗拉性能优势相结合，就构成了具有抗压、抗弯、抗剪、抗扭等结构性能的各种结构形式的建筑物或结构物。混凝土与钢筋共同工作的保证条件，是依靠混凝土与钢筋之间足够的握裹力。握裹力主要由三种力构成：

1）粘结力（黏着力）。它是混凝土与钢筋表面的粘结力。

2）摩擦力。当结构处于受力状态时，混凝土与钢筋表面产生的一种摩擦力。

3）机械咬合力。它是由于钢筋表面凸凹不平与混凝土接触面产生一种咬合力，由黏着力、摩擦力和咬合力这三种力构成的握裹力，直接关系到钢筋混凝土结构的性能和承载能力。保证混凝土与钢筋之间的握裹力，就要求保护层要有一定的厚度。如果保护层厚度过小，则混凝土与钢筋之间不能发挥握裹力的作用。因此，规范规定混凝土保护层厚度的最小尺寸，不应小于受力钢筋的一个直径值。

（2）保护钢筋不锈蚀，确保结构的安全性和耐久性

影响钢筋混凝土结构耐久性，造成其结构破坏的因素很多，如氯离子侵蚀、冻融破坏；混凝土不密实，裂缝；混凝土碳化，碱—集料反应，在一定环境条件下都能造成钢筋锈蚀引起结构破坏。钢筋锈蚀后，铁锈体积膨胀，体积一般增加到 $2\sim4$ 倍，致使混凝土保护层开裂，潮气或水分渗入，加快和加重钢筋继续锈蚀，导致建筑物破坏。混凝土保护层对防止钢筋锈蚀具有保护作用。这种保护作用在无有害物质侵蚀下才能有效。但是，保护层混凝土的碳化，给钢筋锈蚀提供了外部条件。因此，混凝土碳化对钢筋锈蚀有很大影响，关系到结构的耐久性和安全性。

（3）保护钢筋不受高温（火灾）影响

钢筋混凝土的保护层须具有一定的厚度，使建筑结构在高温条件下或遇火灾时，保护钢筋不因受到高温影响，使结构急剧丧失承载力而倒塌。因此，保护层的厚度与建筑物耐火性有关。混凝土和钢筋均属非燃烧体，以砂、石为骨料的混凝土一般可耐 $700℃$ 高温。钢筋混凝土结构不能直接接触明火火源，应避免高温辐射。由于施工原因造成保护层过小，一旦建筑物发生火灾，会造成对建筑物耐火等级或耐火极限的影响。这些因素在设计时均应考虑。混凝土保护层按建筑物耐火等级要求规定的厚度设计时，遇火灾可保护结构或延缓结构倒塌时间，可为人员疏散和物资转移提供一定的缓冲时间。如保护层过小，可能会失去这个缓冲时间，造成生命、财产的更大损失。

2.2.2 混凝土保护层最小厚度的规定

22G101 图集规定：纵向受力钢筋的混凝土保护层厚度应符合表 2-2 的要求。

混凝土保护层的最小厚度（mm）　　　　表 2-2

环境类别	板、墙	梁、柱
一	15	20
二 a	20	25
二 b	25	35
三 a	30	40
三 b	40	50

注：1. 表中混凝土保护层厚度指最外层钢筋外边缘至混凝土表面的距离，适用于设计工作年限为 50 年的混凝土结构。

2. 构件中受力钢筋的保护层厚度不应小于钢筋的公称直径。

3. 一类环境中，设计工作年限为 100 年的结构最外层钢筋的保护层厚度不应小于表中数值的 1.4 倍；二、三类环境中，设计工作年限为 100 年的结构应采取专门的有效措施。四类和五类环境类别的混凝土结构，其耐久性要求应符合国家现行有关标准的规定。

4. 混凝土强度等级为 C25 时，表中保护层厚度数值应增加 5mm。

5. 基础底面钢筋的保护层厚度，有混凝土垫层时应从垫层顶面算起，且不应小于 40mm。

2.3 钢筋的锚固

2.3.1 钢筋的锚固形式

受力钢筋的机械锚固形式见图 2-1。

2.3.2 受拉钢筋锚固长度的计算

当计算中充分利用钢筋的抗拉强度时，受拉钢筋的锚固应符合下列要求：

基本锚固长度应按下列公式计算：

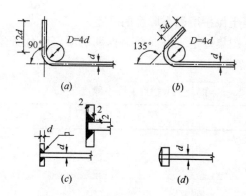

图 2-1 受力钢筋的机械锚固形式

(a) 末端带 90°弯钩；(b) 末端带 135°弯钩；

(c) 末端与锚板穿孔塞焊；(d) 末端带螺栓锚头

注：1. 当纵向受拉普通钢筋末端采用弯钩或机械锚固措施时，包括弯钩或锚固端头在内的锚固长度（投影长度）可取为基本锚固长度的 60%。

2. 焊缝和螺纹长度应满足承载力的要求；钢筋锚固板的规格和性能应符合现行行业标准《钢筋锚固板应用技术规程》JGJ 256 的有关规定。

3. 钢筋锚固板（螺栓锚头或焊端锚板）的承压净面积不应小于锚固钢筋截面积的 4 倍；钢筋净间距不宜小于 4d，否则应考虑群锚效应的不利影响。

4. 受压钢筋不应采用末端弯钩的锚固形式。

5. 500MPa 级带肋钢筋末端采用弯钩锚固措施时，当直径 $d \leqslant 25$mm 时，钢筋弯折的弯弧内直径不应小于钢筋直径的 6 倍；当直径 $d > 25$mm 时，不应小于钢筋直径的 7 倍。

6. 钢筋端部弯折段长度 15d 均为 400MPa 钢筋的弯折段长度。当采用 500MPa 级带肋钢筋时，应保证钢筋锚固弯后直段长度和弯弧内直径的要求。

普通钢筋

$$l_{ab} = \alpha \frac{f_y}{f_t} d \qquad (2-1)$$

预应力筋

$$l_{ab} = \alpha \frac{f_{py}}{f_t} d \qquad (2-2)$$

式中　l_{ab}——受拉钢筋的基本锚固长度；

f_y、f_{py}——普通钢筋、预应力筋的抗拉强度设计值；

f_t——混凝土轴心抗拉强度设计值，当混凝土强度等级高于 C60 时，按 C60 取值；

d——锚固钢筋的直径；

α——锚固钢筋的外形系数，按表 2-3 取用。

锚固钢筋的外形系数 α 表 2-3

钢筋类型	光圆钢筋	带肋钢筋	螺旋肋钢丝	三股钢绞线	七股钢绞线
α	0.16	0.14	0.13	0.16	0.17

注：光圆钢筋末端应做 180°弯钩，弯后平直段长度不应小于 $3d$，但作受压钢筋时可不做弯钩。

受拉钢筋的锚固长度应根据具体锚固条件按下列公式计算，且不应小于 200mm：

$$l_a = \zeta_a l_{ab} \qquad (2\text{-}3)$$

式中 l_a——受拉钢筋的锚固长度；

ζ_a——锚固长度修正系数，按表 2-4 的规定取用，当多于一项时，可按连乘计算，但不应小于 0.6；对预应力筋，可取 1.0。

受拉钢筋锚固长度修正系数 ζ_a 表 2-4

锚固条件		ζ_a	
带肋钢筋的公称直径大于 25mm		1.10	
环氧树脂涂层带肋钢筋		1.25	—
施工过程中易受扰动的钢筋		1.10	
锚固区保护层厚度	$3d$	0.80	注：中间时按内插值。d 为锚固钢筋的直径
	$\geq 5d$	0.70	

当锚固钢筋保护层厚度不大于 $5d$ 时，锚固长度范围内应配置横向构造钢筋，其直径不应小于 $d/4$；对梁、柱、斜撑等构件间距不应大于 $5d$，对板、墙等平面构件间距不应大于 $10d$，且均不应大于 100mm，此处 d 为锚固钢筋的直径。

为了方便施工人员使用，22G101 图集将混凝土结构中常用的钢筋和各级混凝土强度等级组合，将受拉钢筋锚固长度值计算得钢筋直径的整倍数形式，编制成表格，见表2-5、表2-6。

受拉钢筋基本锚固长度 l_{ab} 表 2-5

钢筋种类	混凝土强度等级							
	C25	C30	C35	C40	C45	C50	C55	≥C60
HPB300	34d	30d	28d	25d	24d	23d	22d	21d
HRB400、HRBF400、RRB400	40d	35d	32d	29d	28d	27d	26d	25d
HRB500、HRBF500	48d	43d	39d	36d	34d	32d	31d	30d

抗震设计时受拉钢筋基本锚固长度 l_{abE} 表 2-6

钢筋种类		混凝土强度等级							
		C25	C30	C35	C40	C45	C50	C55	≥C60
HPB300	一、二级	39d	35d	32d	29d	28d	26d	25d	24d
	三级	36d	32d	29d	26d	25d	24d	23d	22d
HRB400 HRBF400	一、二级	46d	40d	37d	33d	32d	31d	30d	29d
	三级	42d	37d	34d	30d	29d	28d	27d	26d
HRB500 HRBF500	一、二级	55d	49d	45d	41d	39d	37d	36d	35d
	三级	50d	45d	41d	38d	36d	34d	33d	32d

注：1. 四级抗震时，$l_{abE}=l_{ab}$。

    2. 混凝土强度等级应取锚固区的混凝土强度等级。

    3. 当锚固钢筋的保护层厚度不大于5d时，锚固钢筋长度范围内应设置横向构造钢筋，其直径不应小于d/4（d为锚固钢筋的最大直径）；对梁、柱等构件间距不应大于5d，对板、墙等构件间距不应大于10d，且均不应大于100mm（d为锚固钢筋的最小直径）。

2.4　钢筋的连接

当钢筋长度不能满足混凝土构件的要求时，钢筋需要连接接长。连接的方式主要有：绑扎搭接、机械连接和焊接连接。

2.4.1　绑扎搭接

纵向钢筋的绑扎搭接是纵向钢筋连接最常见的连接方式之

一。搭接连接施工比较方便，但也有其适用范围和限制条件。《混凝土结构设计规范》GB 50010—2010（2015 年版）中做出如下规定：

轴心受拉及小偏心受拉杆件的纵向受力钢筋不得采用绑扎搭接；其他构件中的钢筋采用绑扎搭接时，受拉钢筋直径不宜大于 25mm，受压钢筋直径不宜大于 28mm。

（1）纵向受拉钢筋绑扎搭接接头的搭接长度

纵向受拉钢筋绑扎搭接接头的搭接长度，应根据位于同一连接区段内的钢筋搭接接头面积百分率按下列公式计算，且不应小于 300mm。

$$l_l = \zeta_l l_a \qquad (2\text{-}4)$$

式中　l_a——受拉钢筋的锚固长度；

　　　l_l——纵向受拉钢筋的搭接长度；

　　　ζ_l——纵向受拉钢筋搭接长度的修正系数，按表 2-7 取用。当纵向搭接钢筋接头面积百分率为表的中间值时，修正系数可按内插取值。

纵向受拉钢筋搭接长度修正系数　　　　　　表 2-7

纵向搭接钢筋接头面积百分率（%）	≤25	50	100
ζ_l	1.2	1.4	1.6

（2）同一构件中相邻纵向受力钢筋的绑扎搭接接头宜互相错开

钢筋绑扎搭接接头连接区段的长度为 1.3 倍搭接长度，凡搭接接头中点位于该连接区段长度内的搭接接头均属于同一连接区段（图 2-2）。同一连接区段内纵向受力钢筋搭接接头面积百分率为该区段内有搭接接头的纵向受力钢筋与全部纵向受力钢筋截面面积的比值。当直径不同的钢筋搭接时，按直径较小的钢筋计算。

位于同一连接区段内的受拉钢筋搭接接头面积百分率：对梁

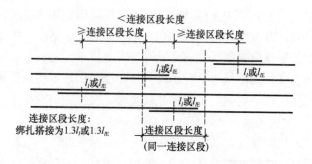

图 2-2 同一连接区段内纵向受拉钢筋的绑扎搭接接头

注：图中所示同一连接区段内的搭接接头钢筋为两根，当钢筋直径
相同时，钢筋搭接接头面积百分率为50%。

类、板类及墙类构件，不宜大于 25%；对柱类构件，不宜大于
50%。当工程中确有必要增大受拉钢筋搭接接头面积百分率时，
对梁类构件，不宜大于 50%；对板、墙、柱及预制构件的拼接
处，可根据实际情况放宽。

并筋采用绑扎搭接连接时，应按每根单筋错开搭接的方式连
接。接头面积百分率应按同一连接区段内所有的单根钢筋计算。
并筋中钢筋的搭接长度应按单筋分别计算。

（3）纵向受压钢筋搭接长度

构件中的纵向受压钢筋当采用搭接连接时，其受压搭接长度
不应小于纵向受拉钢筋搭接长度的 70%，且不应小于 200mm。

（4）纵向受力钢筋搭接长度范围内应配置加密箍筋

在梁、柱类构件的纵向受力钢筋搭接长度范围内的横向构
造钢筋应符合 2.3.2 节的要求。当受压钢筋直径大于 25mm
时，尚应在搭接接头两个端面外 100mm 的范围内各设置两道
箍筋。

（5）纵向钢筋的非接触搭接构造

纵向钢筋的非接触搭接连接，其实质是两根钢筋在其搭接范
围混凝土内的分别锚固，以混凝土为介质，实现搭接钢筋应力的
传递。采用非接触搭接方式，可实现混凝土对钢筋的完全握裹，

20

能使混凝土对钢筋产生足够高的锚固效应，进而实现受拉钢筋的可靠锚固，完成可靠的钢筋搭接连接。

非接触纵向钢筋搭接构造见图2-3。

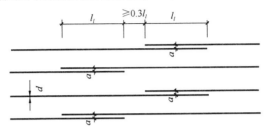

图2-3 非接触纵向钢筋搭接构造

2.4.2 机械连接

钢筋的机械连接是通过连贯于两根钢筋外的套筒来实现传力。套筒与钢筋之间力的过渡是通过机械咬合力。其形式包括：钢筋横肋与套筒的咬合；在钢筋表面加工出螺纹与套筒的螺纹之间的传力；在钢筋与套筒之间灌注高强胶凝材料，通过中间介质来实现应力传递。机械连接的主要形式有挤压套筒连接、锥螺纹套筒连接、镦粗直螺纹连接、滚轧直螺纹连接等。

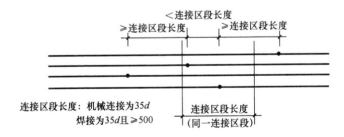

图2-4 同一连接区段内纵向受拉钢筋机械连接、焊接接头

纵向受力钢筋的机械连接接头宜相互错开。钢筋机械连接区段的长度为35d，d为连接钢筋的较小直径。凡接头中点位于该连接区段长度内的机械连接接头均属于同一连接区段，如图2-4所示。

位于同一连接区段内的纵向受拉钢筋接头面积百分率不宜大于50%；但对板、墙、柱及预制构件的拼接处，可根据实际情况放宽。纵向受压钢筋的接头百分率可不受限制。

机械连接套筒的保护层厚度宜满足有关钢筋最小保护层厚度的规定。机械连接套筒的横向净间距不宜小于25mm；套筒处箍筋的间距仍应满足构造要求。

直接承受动力荷载结构构件中的机械连接接头，除应满足设计要求的抗疲劳性能外，位于同一连接区段内的纵向受力钢筋接头面积百分率不应大于50%。

2.4.3 焊接连接

钢筋的焊接接头是利用电阻、电弧或者燃烧的气体加热钢筋端头使其熔化，并采用加压或添加熔融金属焊接材料，使其连成一体的连接方式。纵向受力钢筋焊接连接的方法有：闪光对焊、电渣压力焊等，连接接头如图2-4所示。

细晶粒热轧带肋钢筋以及直径大于28mm的带肋钢筋，其焊接应经试验确定；余热处理钢筋不宜焊接。

纵向受力钢筋的焊接接头应相互错开。钢筋焊接接头连接区段的长度为35d且不小于500mm，d为连接钢筋的较小直径，凡接头中点位于该连接区段长度内的焊接接头均属于同一连接区段。

纵向受拉钢筋的接头面积百分率不宜大于50%，但对预制构件的拼接处，可根据实际情况放宽。纵向受压钢筋的接头百分率可不受限制。

2.5 钢筋弯曲调整值

2.5.1 钢筋弯曲调整值

钢筋弯曲调整值又称钢筋"弯曲延伸率"和"度量差值"。这主要是由于钢筋在弯曲过程中，外侧表面受到张拉而伸长，内侧表面受压缩而缩短，钢筋中心线长度基本保持不变。钢筋弯曲后，在弯曲点两侧外包尺寸与中心线之间有一个长度差值，我们称之为钢筋弯曲调整值，也叫度量差值。

2.5.2 钢筋图示长度与下料长度

钢筋在图纸中标注显示的图示长度与钢筋的下料长度是两个不同的概念，钢筋图示尺寸（图2-5）是构件截面长度减去钢筋混凝土保护层后的长度；钢筋下料长度（图2-6）是钢筋图示尺寸减去钢筋弯曲调整值后的长度。

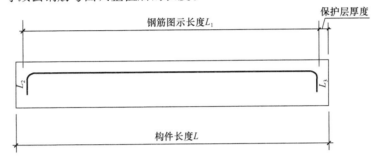

图2-5 钢筋图示尺寸

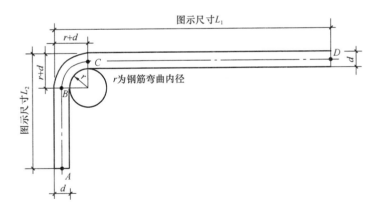

图2-6 钢筋下料长度计算

钢筋弯曲调整值是钢筋外皮延伸的值，即为：

钢筋调整值＝钢筋弯曲范围内外皮尺寸－钢筋弯曲范围内钢筋中心圆弧长

23

$$L_1 = 构件长度 L - 2 \times 保护层厚度$$

$$钢筋弯曲范围内外皮尺寸 = L_1 + L_2 + L_3$$

$$钢筋下料长度 = L_1 + L_2 + L_3 - 2 \times 弯曲调整值$$

《建设工程工程量清单计价规范》（GB 50500—2013）要求：钢筋长度按钢筋图示尺寸计算，所以钢筋的图示尺寸就是钢筋的预算长度。由于通常按钢筋外皮标注，所以钢筋下料时需减去钢筋弯曲后的外皮延伸长度。

根据钢筋中心线不变的原理，图 2-6 中，钢筋下料长度＝$AB + BC 弧长 + CD$。

设钢筋弯曲 90°，$r = 2.5d$ 时则有：

$$AB = L_2 - (r + d) = L_2 - 3.5d$$

$$CD = L_1 - (r + d) = L_1 - 3.5d$$

$$BC 弧长 = 2 \times \pi \times (r + d/2) \times 90°/360° = 4.71d$$

$$钢筋下料长度 = L_2 - 3.5d + L_1 - 3.5d + 4.71d$$

$$= L_1 + L_2 - 2.29d$$

2.5.3 钢筋弯曲内径的取值

钢筋弯曲调整值的大小取决于钢筋弯曲内径。

钢筋弯曲内径与平直部分长度应符合以下规定：

1）钢筋为受拉时，末端应做 180°弯钩，其弯弧内直径不应小于钢筋直径的 2.5 倍，弯钩弯折后平直部分长度不应小于钢筋直径的 3 倍，但作为受压钢筋时，可不做弯钩。

2）钢筋末端为 135°弯钩时，HRB400 级钢筋的弯弧内直径不应小于钢筋直径的 4 倍，弯钩的平直部分长度应符合设计要求。

3）钢筋做不大于 90°弯折时，弯折处的弯弧内直径不应小于钢筋直径的 5 倍。

4）框架顶层端节点处，框架梁上部纵筋与柱外侧纵向钢筋在节点角部的弯弧内半径，当钢筋直径 $d \leqslant 25\text{mm}$ 时，不宜小于 $6d$；当钢筋直径 $d > 25\text{mm}$ 时，不宜小于 $8d$。

由此可见，不同规格、不同直径甚至不同部位的钢筋弯曲调整值是不同的。在软件计算钢筋工程量中，可以实现精细化计算。而用手工精确计算的钢筋弯曲调整值存在较大的计算难度，耗时耗力，就不必要这样精确，但对箍筋与纵筋在不同弯曲直径时还应进行区分。

2.6 箍筋及拉筋弯钩构造

梁、柱、剪力墙中的箍筋和拉筋的主要内容有：弯钩角度为135°；水平段长度 l_h 取 max（10d，75mm），d 为箍筋直径。

通常，箍筋应做成封闭式，拉筋要求应紧靠纵向钢筋并同时钩住外封闭箍筋。梁、柱、剪力墙封闭箍筋及拉筋弯钩构造如图 2-7 所示。

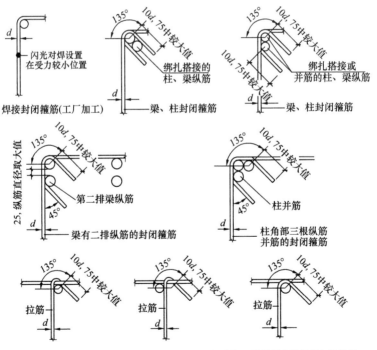

图 2-7 封闭箍筋及拉筋弯钩构造

2.7 钢筋计算常用数据

2.7.1 钢筋的计算截面面积及理论质量

钢筋的计算截面面积及理论质量，见表2-8。

钢筋的计算截面面积及理论质量　　　　表 2-8

公称直径（mm）	不同根数钢筋的计算截面面积（mm²）									单根钢筋理论质量（kg/m）
	1	2	3	4	5	6	7	8	9	
6	28.3	57	85	113	142	170	198	226	255	0.222
8	50.3	101	151	201	252	302	352	402	453	0.395
10	78.5	157	236	314	393	471	550	628	707	0.617
12	113.1	226	339	452	565	678	791	904	1017	0.888
14	153.9	308	461	615	769	923	1077	1231	1385	1.21
16	201.1	402	603	804	1005	1206	1407	1608	1809	1.58
18	254.5	509	763	1017	1272	1527	1781	2036	2290	2.00(2.11)
20	314.2	628	942	1256	1570	1884	2199	2513	2827	2.47
22	380.1	760	1140	1520	1900	2281	2661	3041	3421	2.98
25	490.9	982	1473	1964	2454	2945	3436	3927	4418	3.85(4.10)
28	615.8	1232	1847	2463	3079	3695	4310	4926	5542	4.83
32	804.2	1609	2413	3217	4021	4826	5630	6434	7238	6.31(6.65)
36	1017.9	2036	3054	4072	5089	6107	7125	8143	9161	7.99
40	1256.6	2513	3770	5027	6283	7540	8796	10053	11310	9.87(10.34)
50	1963.5	3928	5892	7856	9820	11784	13748	15712	17676	15.42(16.28)

注：括号内为预应力螺纹钢筋的数值。

2.7.2 钢筋混凝土结构伸缩缝最大间距

钢筋混凝土结构伸缩缝最大间距，见表2-9。

26

结构类别		室内或土中	露　天
排架结构	装配式	100	70
框架结构	装配式	75	50
	现浇式	55	35
剪力墙结构	装配式	65	40
	现浇式	45	30
挡土墙、地下室 墙壁等类结构	装配式	40	30
	现浇式	30	20

注：1. 装配整体式结构的伸缩缝间距，可根据结构的具体情况取表中装配式结构与现浇式结构之间的数值；

2. 框架-剪力墙结构或框架-核心筒结构房屋的伸缩缝间距，可根据结构的具体情况取表中框架结构与剪力墙结构之间的数值；

3. 当屋面无保温或隔热措施时，框架结构、剪力墙结构的伸缩缝间距宜按表中露天栏的数值取用；

4. 现浇挑檐、雨罩等外露结构的局部伸缩缝间距不宜大于 12m。

2.7.3　现浇钢筋混凝土房屋适用的最大高度

现浇钢筋混凝土房屋适用的最大高度，见表 2-10。

现浇钢筋混凝土房屋适用的最大高度（m）　　　表 2-10

结构类型		烈　度				
		6	7	8(0.2g)	8(0.3g)	9
框架		60	50	40	35	24
框架-抗震墙		130	120	100	80	50
抗震墙		140	120	100	80	60
部分框支抗震墙		120	100	80	50	不应采用
筒体	框架-核心筒	150	130	100	90	70
	筒中筒	180	150	120	100	80
板柱-抗震墙		80	70	55	40	不应采用

注：1. 房屋高度指室外地面到主要屋面板板顶的高度（不包括局部突出屋顶部分）；

2. 框架-核心筒结构指周边稀柱框架与核心筒组成的结构；

3. 部分框支抗震墙结构指首层或底部两层为框支层的结构，不包括仅个别框支墙的情况；

4. 表中框架，不包括异形柱框架；

5. 板柱-抗震墙结构指板柱、框架和抗震墙组成抗侧力体系的结构；

6. 乙类建筑可按本地区抗震设防烈度确定其适用的最大高度；

7. 超过表内高度的房屋，应进行专门研究和论证，采取有效的加强措施。

3 筏形基础平法识图与钢筋翻样

3.1 筏形基础平法识图

3.1.1 梁板式筏形基础构件的类型与编号

梁板式筏形基础由基础主梁、基础次梁、基础平板等构成，编号按表 3-1 的规定。梁板式筏形基础主梁与条形基础梁编号与标准构造详图一致。

梁板式筏形基础平板编号　　　　　　　　　　　　　　　表 3-1

构件类型	代 号	序 号	跨数及有无外伸
基础主梁（柱下）	JL	××	（××）或（××A）或（××B）
基础次梁	JCL	××	（××）或（××A）或（××B）
梁板式筏形基础平板	LPB	××	—

注：1. （××A）为一端有外伸，（××B）为两端有外伸，外伸不计入跨数。

2. 梁板式筏形基础平板跨数及是否有外伸分别在 x、y 两向的贯通纵筋之后表达。图面从左至右为 x 向，从下至上为 y 向。

3. 基础次梁 JCL 表示端支座为铰接；当基础次梁 JCL 端支座下部钢筋为充分利用钢筋的抗拉强度时，用 JCLg 表示。

3.1.2 基础主梁与基础次梁的平面注写

基础主梁与基础次梁的平面注写方式分集中标注和原位标注两部分内容。当集中标注中的某项数值不适用于梁的某部位时，则将该项数值采用原位标注，施工时原位标注优先。

1. 基础主梁与基础次梁的集中标注

基础主梁与基础次梁的集中标注的主要内容包括以下几项：

（1）基础梁编号

基础梁编号由代号、序号、跨数及有无外伸等组成，见表 3-1。

（2）截面尺寸

注写方式为"$b×h$"，表示梁截面宽度和高度。当为竖向加腋梁时，注写方式为"$b×h Y c_1×c_2$"，其中，c_1 为腋长，c_2 为腋高。

（3）配筋

1）基础梁箍筋

①当采用一种箍筋间距时，注写钢筋种类、直径、间距与肢数（写在括号内）。

②当采用两种箍筋时，用"/"分隔不同箍筋，按照从基础梁两端向跨中的顺序注写。先注写第 1 段箍筋（在前面加注箍数），在斜线后再注写第 2 段箍筋（不再加注箍数）。

基础主梁与基础次梁的外伸部位，以及基础主梁端部节点内按第一种箍筋设置，如图 3-1、图 3-2 所示。

2）基础梁的底部、顶部及侧面纵向钢筋

①以 B 打头，先注写梁底部贯通纵筋（不应少于底部受力钢筋总截面面积的 1/3）。当跨中所注根数少于箍筋肢数时，需要在跨中加设架立筋以固定箍筋，注写时，用加号"＋"将贯通纵筋与架立筋相联，架立筋注写在加号后面的括号内。

②以 T 打头，注写梁顶部贯通纵筋值。注写时用分号";"将底部与顶部纵筋分隔开。

③当梁底部或顶部贯通纵筋多于一排时，用斜线"/"将各排纵筋自上而下分开。

④以大写字母"G"打头注写基础梁两侧面对称设置的纵向构造钢筋的总配筋值（当梁腹板高度 h_w 不小于 450mm 时，根据需要配置）。

当需要配置抗扭纵向钢筋时，梁两个侧面设置的抗扭纵向钢筋以 N 打头。

（4）基础梁底面标高高差

基础梁底面标高高差系指相对于筏形基础平板底面标高的高差值。

有高差时，需将高差写入括号内（如"高板位"与"中板位"基础梁的底面与基础平板地面标高的高差值）。

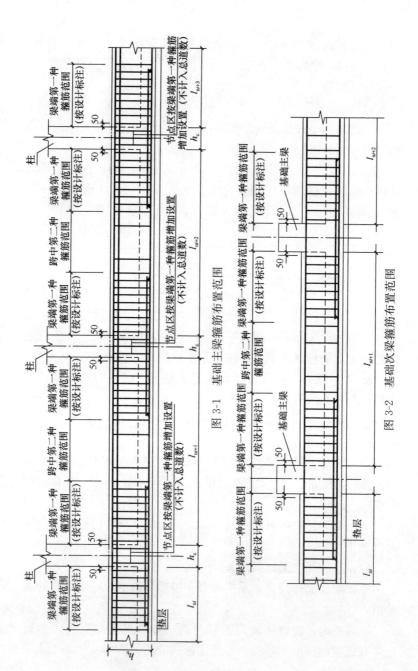

图 3-1 基础主梁箍筋布置范围

图 3-2 基础次梁箍筋布置范围

30

无高差时不注（如"低板位"筏形基础的基础梁）。

2. 基础主梁与基础次梁的原位标注

基础主梁与基础次梁的原位标注的主要内容包括：

（1）梁支座的底部纵筋

梁支座的底部纵筋，系指包含贯通纵筋与非贯通纵筋在内的所有纵筋。

1）当底部纵筋多于一排时，用"／"将各排纵筋自上而下分开。

2）当同排纵筋有两种直径时，用加号"＋"将两种直径的纵筋相联，注写时角筋写在前面。

3）当梁中间支座两边的底部纵筋配置不同时，需在支座两边分别标注；当梁中间支座两边的底部纵筋相同时，可仅在支座的一边标注配筋值。

4）当梁端（支座）区域的底部全部纵筋与集中注写过的贯通纵筋相同时，可不再重复做原位标注。

5）竖向加腋梁加腋部位钢筋，需在设置加腋的支座处以 Y 打头注写在括号内。

（2）基础梁的附加箍筋或（反扣）吊筋

将基础梁的附加箍筋或（反扣）吊筋直接画在平面图中的主梁上，用线引注总配筋值（附加箍筋的肢数注在括号内）。

当多数附加箍筋或（反扣）吊筋相同时，可在基础梁平法施工图上统一注明；少数与统一注明值不同时，再原位引注。

（3）外伸部位的几何尺寸

当基础梁外伸部位变截面高度时，在该部位原位注写 $b\times h_1/h_2$，h_1 为根部截面高度，h_2 为尽端截面高度。

（4）修正内容

当在基础梁上集中标注的某项内容（如梁截面尺寸、箍筋、底部与顶部贯通纵筋或架立筋、梁侧面纵向构造钢筋、梁底面标高高差等）不适用于某跨或某外伸部分时，则将其修正内容原位标注在该跨或该外伸部位，施工时原位标注取值优先。

31

当在多跨基础梁的集中标注中已注明竖向加腋，而该梁某跨根部不需要竖向加腋时，则应在该跨原位标注等截面的 $b \times h$，以修正集中标注中的加腋信息。

3. 基础主梁与基础次梁的平法识图

基础主梁与基础次梁的平法标注示意图，见图 3-3。

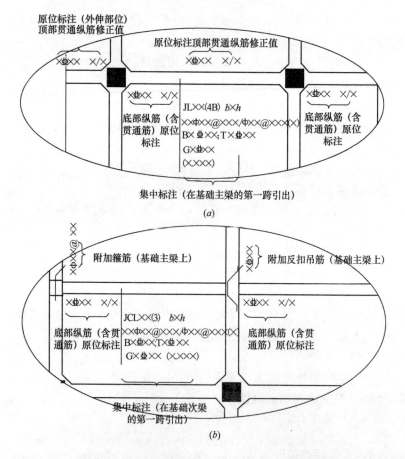

图 3-3　基础主梁与基础次梁的平法标注示意图

（a）基础主梁；（b）基础次梁

3.1.3 基础梁底部非贯通纵筋的长度规定

底部非贯通纵筋的延伸值为：

（1）基础主梁柱下区域与基础次梁支座区域底部非贯通纵筋的伸出长度（图 3-4）

对于基础主梁，自柱中线向内延伸至不小于 $\max(1.2l_a + h_b + 0.5h_c, l_n/3)$。

对于基础次梁，自柱中线向内延伸至不小于 $\max(1.2l_a + h_b + 0.5b_b, l_n/3)$。

其中，h_b 为基础主梁的高度；h_c 为沿基础梁跨度方向的柱截面高度；b_b 为基础次梁支座的宽度；l_n 为相邻两跨跨度值的较大值。

当底部纵筋多于两排时，从第三排起非贯通纵筋向跨内的伸出长度应由设计者注明。

（2）基础主梁与基础次梁外伸部位底部纵筋的伸出长度值

基础主梁有外伸时，外伸端部的构造要求如图 3-5 所示，上下部最外侧钢筋伸至端头弯折 12d 封边，上部第二排钢筋锚入柱内 l_a，底部第二排钢筋延伸至梁端头截断。

基础主梁无外伸时，构造要求如图 3-6 所示，上下部最外侧钢筋伸至端头弯折 15d；上部第二排钢筋伸至尽端钢筋内侧弯折 15d，当直段长度≥$0.6l_{ab}$ 时可不弯折。

基础次梁纵筋配置不多于两排时，第一排延伸至梁端头，全部弯折封边；第二排延伸至梁端头截断，图 3-7 所示为基础次梁外伸端部钢筋构造。

当从基础主梁内边算起的外伸长度不满足直锚要求时，基础次梁下部钢筋伸至端部后弯折 15d，且从梁内边算起水平段长度应≥$0.6l_{ab}$。

3.1.4 梁板式筏形基础平板的平面注写

梁板式筏形基础平板 LPB 的平面注写内容包括：集中标注与原位标注。

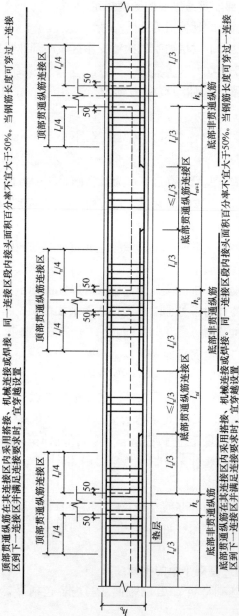

顶部贯通纵筋在其连接区内采用搭接、机械连接或焊接。同一连接区段内接头面积百分率不宜大于50%。当钢筋长度可度过一连接区到下一连接区并满足连接要求时，宜穿越设置

底部贯通纵筋在其连接区内采用搭接、机械连接或焊接。同一连接区段区段内接头面积百分率不宜大于50%。当钢筋长度可度过一连接区到下一连接区并满足连接要求时，宜穿越设置

(a)

图 3-4　基础梁纵向钢筋与箍筋构造 (一)

(a) 基础主梁

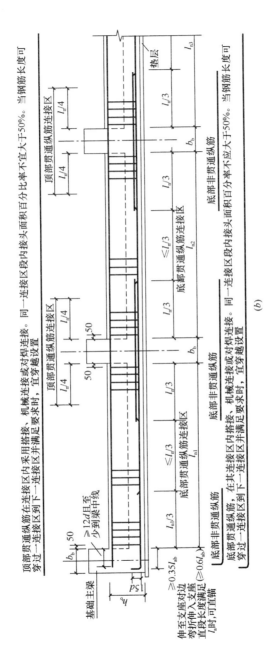

图 3-4 基础梁纵向钢筋与箍筋构造（二）

(b) 基础次梁

35

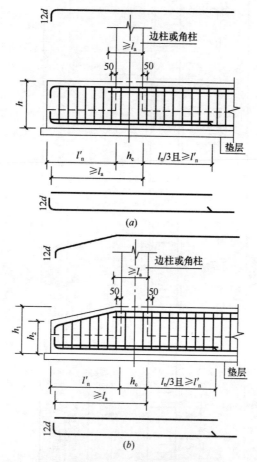

图 3-5　基础梁端部与外伸部位钢筋构造（一）

（a）梁板式筏形基础梁端部等截面外伸钢筋构造；

（b）梁板式筏形基础梁端部变截面外伸钢筋构造；

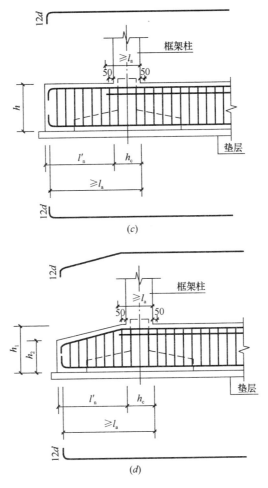

图 3-5 基础梁端部与外伸部位钢筋构造（二）

（c）条形基础梁端部等截面外伸钢筋构造；

（d）条形基础梁端部变截面外伸钢筋构造

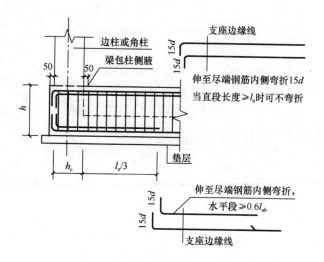

图 3-6　梁板式筏形基础梁端部无外伸构造

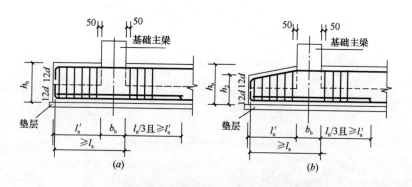

图 3-7　基础次梁端部外伸部位钢筋构造

（a）端部等截面外伸构造；（b）端部变截面外伸构造

1. 板底部与顶部贯通纵筋的集中标注

梁板式筏形基础平板 LPB 的集中标注，应在所表达的板区双向均为第一跨（x 与 y 双向首跨）的板上引出（图面从左至右为 x 向，从下至上为 y 向）。

板区划分条件：板厚相同、基础平板底部与顶部贯通纵筋配置相同的区域为同一板区。

集中标注的内容包括：

（1）编号

梁板式筏形基础平板编号由"代号＋序号"组成，见表 3-2。

梁板式筏形基础平板编号　　　　　　　　表 3-2

构件类型	代号	序号
梁板式筏形基础平板	LPB	××

注：梁板式筏形基础平板跨数及是否有外伸分别在 x、y 两向的贯通纵筋之后表达。图面从左至右为 x 向，从下至上为 y 向。

（2）截面尺寸

基础平板的截面尺寸是指基础平板的厚度，表达方式为"$h＝×××$"。

（3）底部与顶部贯通纵筋及其跨数及外伸情况

底部与顶部贯通纵筋的表达：先注写 x 向底部（B 打头）贯通纵筋与顶部（T 打头）贯通纵筋及纵向长度范围；再注写 y 向底部（B 打头）贯通纵筋与顶部（T 打头）贯通纵筋及其跨数及外伸情况（图面从左至右为 x 向，从下至上为 y 向）。

贯通纵筋的跨数及外伸情况注写在括号中，注写方式为"跨数及有无外伸"，其表达形式为：（××）（无外伸）、（××A）（一端有外伸）或（××B）（两端有外伸）。

注：基础平板的跨数以构成柱网的主轴线为准；两主轴线之间无论有几道辅助轴线（例如框筒结构中混凝土内筒中的多道墙体），均可按一跨考虑。

2. 板底附加非贯通纵筋的原位标注

梁板式筏形基础平板的原位标注表达的是横跨基础梁下（板支座）的底部附加非贯通纵筋。

（1）原位注写位置及内容

板底部原位标注的附加非贯通纵筋，应在配置相同跨的第一跨表达（当在基础梁悬挑部位单独配置时则在原位表达）。在配置相同跨的第一跨（或基础梁外伸部位），垂直于基础梁绘制一段中粗虚线（当该筋通长设置在外伸部位或短跨板下部时，应画至对边或贯通短跨），在虚线上注写编号（如①、②等）、配筋值、横向布置的跨数及是否布置到外伸部位。

板底部附加非贯通纵筋自支座边线向两边跨内的伸出长度值注写在线段的下方位置。当该筋向两侧对称伸出时，可仅在一侧标注，另一侧不注；当布置在边梁下时，向基础平板外伸部位一侧的伸出长度与方式按标准构造，设计不注。底部附加非贯通筋相同者，可仅注写一处，其他只注写编号。

横向连续布置的跨数及是否布置到外伸部位，不受集中标注贯通纵筋的板区限制。

（2）注写修正内容

当集中标注的某些内容不适用于梁板式筏形基础平板某板区的某一板跨时，应由设计者在该板跨内注明，施工时应按注明内容取用。当若干基础梁下基础平板的底部附加非贯通纵筋配置相同时（其底部、顶部的贯通纵筋可以不同），可仅在一根基础梁下做原位注写，并在其他梁上注明"该梁下基础平板底部附加非贯通纵筋同××基础梁"。

3. 梁板式筏形基础平板的平法识图

梁板式筏形基础平板的标注示意图见图 3-8。

3.1.5　平板式筏形基础构件的类型与编号

平板式筏形基础的平面注写表达方式有两种：一是划分为柱下板带和跨中板带进行表达；二是按基础平板进行表达。其编号规定见表 3-3。

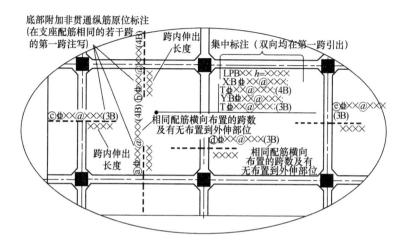

图 3-8　梁板式筏形基础平板的标注示意图

柱下板带、跨中板带编号　　　　　　　表 3-3

构件类型	代号	序号	跨数及有无外伸
柱下板带	ZXB	××	（××）或（××A）或（××B）
跨中板带	KZB	××	（××）或（××A）或（××B）
平板式筏形基础平板	BPB	××	——

注：1.（××A）为一端有外伸，（××B）为两端有外伸，外伸不计入跨数。

　　2.平板式筏形基础平板，其跨数及是否有外伸分别在 x、y 两向的贯通纵筋之后表达。图面从左至右为 x 向，从下至上为 y 向。

3.1.6　柱下板带与跨中板带的平面注写

柱下板带和跨中板带的平面注写方式分集中标注和原位标注两部分内容。

1. 集中标注

柱下板带与跨中板带的集中标注，主要内容是注写板带底部与顶部贯通纵筋的，应在第一跨（x 向为左端跨，y 向为下端跨）引出。具体内容包括：

（1）编号

柱下板带、跨中板带编号（板带代号＋序号＋跨数及有无外

41

伸），见表 3-3。

（2）截面尺寸

柱下板带、跨中板带的截面尺寸用 b 表示。注写"$b=\times\times$ $\times\times$"，表示板带宽度（在图注中注明基础平板厚度）。确定柱下板带宽度应根据规范要求与结构实际受力需要。当柱下板带宽度确定后，跨中板带宽度亦随之确定（即相邻两平行柱下板带间的距离）。当柱下板带中心线偏离柱中心线时，应在平面图上标注其定位尺寸。

（3）底部与顶部贯通纵筋

注写底部贯通纵筋（B 打头）与顶部贯通纵筋（T 打头）的规格与间距，用分号"；"将其分隔开。柱下板带的柱下区域，通常在其底部贯通纵筋的间隔内插空设有（原位注写的）底部附加非贯通纵筋。

2. 原位标注

柱下板带与跨中板带的原位标注的主要内容是注写底部附加非贯通纵筋。具体内容包括：

（1）注写内容

以一段与板带同向的中粗虚线代表附加非贯通纵筋；柱下板带：贯穿其柱下区域绘制；跨中板带：横贯柱中线绘制。在虚线上注写底部附加非贯通纵筋的编号（如①、②等），钢筋种类、直径、间距，以及自柱中线分别向两侧跨内的伸出长度值。当向两侧对称伸出时，长度值可仅在一侧标注，另一侧不注。

外伸部位的伸出长度与方式按标准构造，设计不注。对同一板带中底部附加非贯通筋相同者，可仅在一根钢筋上注写，其他可仅在中粗虚线上注写编号。

原位注写的底部附加非贯通纵筋与集中标注的底部贯通纵筋，宜采用"隔一布一"的方式布置，即柱下板带或跨中板带底部附加非贯通纵筋与贯通纵筋交错插空布置，其标注间距与底部贯通纵筋相同（两者实际组合后的间距为各自标注间距的 1/2）。

当跨中板带在轴线区域不设置底部附加非贯通纵筋时，则不做原位注写。

（2）修正内容

当在柱下板带、跨中板带上集中标注的某些内容（如截面尺寸、底部与顶部贯通纵筋等）不适用于某跨或某外伸部分时，则将修正的数值原位标注在该跨或该外伸部位，施工时原位标注取值优先。

注：对于支座两边不同配筋值的（经注写修正的）底部贯通纵筋，应按较小一边的配筋值选配相同直径的纵筋贯穿支座，较大一边的配筋差值选配适当直径的钢筋锚入支座，避免造成两边大部分钢筋直径不相同的不合理配置结果。

3. 柱下板带与跨中板带平法识图

柱下板带与跨中板带平法标注示意图，见图 3-9。

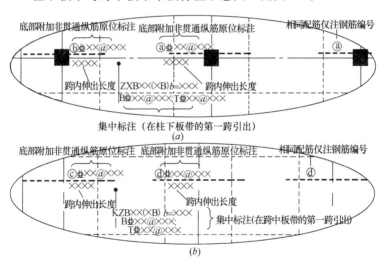

图 3-9　柱下板带与跨中板带平法标注示意图
（a）柱下板带；（b）跨中板带

3.1.7　平板式筏形基础平板的平面注写

平板式筏形基础平板的平面注写，分集中标注与原位标注两部分内容。

1. 集中标注

平板式筏形基础平板集中标注的主要内容为注写板底部与顶部贯通纵筋。

当某向底部贯通纵筋或顶部贯通纵筋的配置，在跨内有两种不同间距时，先注写跨内两端的第一种间距，并在前面加注纵筋根数（以表示其分布的范围）；再注写跨中部的第二种间距（不需加注根数）；两者用"/"分隔。

2. 原位标注

平板式筏形基础平板的原位标注，主要表达横跨柱中心线下的底部附加非贯通纵筋。内容包括：

1）原位注写位置及内容：在配置相同的若干跨的第一跨，垂直于柱中线绘制一段粗虚线代表底部附加非贯通纵筋，在虚线上注写编号（如①、②等）、配筋值、横向布置的跨数及是否布置到外伸部位。

当柱中心线下的底部附加非贯通纵筋（与柱中心线正交）沿柱中心线连续若干跨配置相同时，则在该连续跨的第一跨下原位注写，且将同规格配筋连续布置的跨数注在括号内；当有些跨配置不同时，则应分别原位注写。外伸部位的底部附加非贯通纵筋应单独注写（当与跨内某筋相同时仅注写钢筋编号）。

当底部附加非贯通纵筋横向布置在跨内有两种不同间距的底部贯通纵筋区域时，其间距应分别对应为两种，其注写形式应与贯通纵筋保持一致，即先注写跨内两端的第一种间距，并在前面加注纵筋根数；再注写跨中部的第二种间距（不需加注根数）；两者用"/"分隔。

2）当某些柱中心线下的基础平板底部附加非贯通纵筋横向配置相同时（其底部、顶部的贯通纵筋可以不同），可仅在一条中心线下做原位注写，并在其他柱中心线上注明"该柱中心线下基础平板底部附加非贯通纵筋同××柱中心线"。

3. 平板式筏形基础平板标注识图

平板式筏形基础平板标注示意图，见图 3-10。

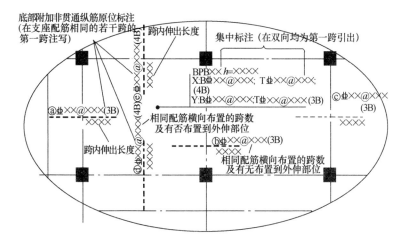

图 3-10 平板式筏形基础平板标注示意图

3.1.8 筏形基础构造详图

1. 基础主梁纵向钢筋与箍筋构造

基础主梁纵向钢筋构造要求如图 3-4（a）所示，基础主梁箍筋复合方式如图 3-11 所示，其主要内容包括：

（1）顶部钢筋

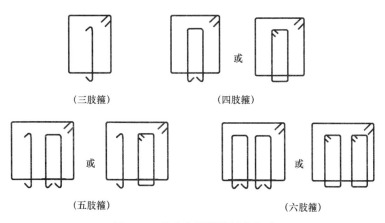

图 3-11 基础主梁箍筋复合方式

（注：封闭箍筋可采用焊接封闭箍筋形式）

基础主梁纵向钢筋的顶部钢筋在梁顶部应连续贯通；其连接区位于柱边缘 $l_n/4$ 左右范围，在同一连接区内的接头面积百分率不应大于 50%。

（2）底部钢筋

基础主梁纵向钢筋的底部非贯通纵筋向跨内延伸长度为：自柱边缘算起，左右各 $l_n/3$ 长度值；底部钢筋连接区位于跨中 $\leqslant l_n/3$ 范围，在同一连接区内的接头面积百分率不应大于 50%。

当两毗邻跨的底部贯通纵筋配置不同时，应将配置较大一跨的底部贯通纵筋越过其标注的跨数终点或起点，伸至配置较小的毗邻跨的跨中连接区进行连接。

（3）箍筋

节点区内箍筋按梁端箍筋设置。梁相互交叉宽度内的箍筋按截面高度较大的基础梁设置。同跨箍筋有两种时，各自设置范围按具体设计注写。

基础梁截面纵筋外围应采用封闭箍筋，当为多肢复合箍筋时，其截面内箍可采用开口箍或封闭箍。封闭箍的弯钩可在四角的任何部位，开口箍的弯钩宜设在基础底板内。

当多于六肢箍时，偶数肢增加小开口箍或小套箍，奇数肢加一单肢箍。

2. 基础主梁变截面部位钢筋构造

基础主梁变截面、变标高形式包括以下四种：梁底有高差、梁底与梁顶均有高差、梁顶有高差、柱两边梁宽不同。

（1）梁底有高差钢筋构造

梁底面标高低的梁底部钢筋斜伸至梁底面标高高的梁内，锚固长度为 l_a；梁底面标高高的梁底部钢筋锚固长度 $\geqslant l_a$ 截断即可，如图 3-12 所示。

（2）梁底、梁顶均有高差构造

当梁底、梁顶均有高差时，钢筋构造可分为两种形式。

构造一可概括为：梁底面标高高的梁顶部第一排纵筋伸至尽端，弯折长度自梁底面标高低的梁顶部算起 l_a；顶部第二排纵筋

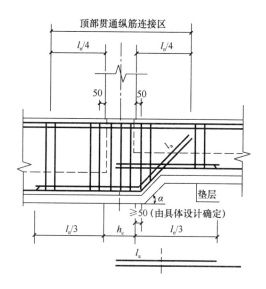

图 3-12 梁底有高差钢筋构造

伸至尽端钢筋内侧，弯折长度为 15d。当直锚长度 $\geqslant l_a$ 时可不弯折，底部钢筋锚固长度 $\geqslant l_a$ 截断即可；梁底面标高低的梁顶部纵筋锚入长度 $\geqslant l_a$ 截断即可，底部钢筋斜伸至梁底面标高高的梁内，锚固长度为 l_a。如图 3-13（a）所示。

构造二可概括为：梁底面标高高的梁顶部第一排纵筋伸至尽端，弯折长度自梁底面标高低的梁顶部算起 l_a；顶部第二排纵筋伸至尽端钢筋内侧，弯折长度 15d。当直锚长度 $\geqslant l_a$ 时可不弯折，底部钢筋直锚伸至柱边且锚入长度 $\geqslant l_a$；梁底面标高低的梁顶部纵筋锚入长度 $\geqslant l_a$ 截断即可，底部钢筋斜伸至梁底面标高高的梁内，锚固长度为 l_a。如图 3-13（b）所示。

（3）梁顶有高差钢筋构造

梁顶面标高高的梁顶部第一排纵筋伸至尽端，弯折长度自梁顶面标高低的梁顶部算起 l_a；顶部第二排纵筋伸至尽端钢筋内侧，弯折长度为 15d。当直锚长度 $\geqslant l_a$ 时可不弯折。梁顶面标高低的梁上部纵筋锚固长度 $\geqslant l_a$ 截断即可，如图 3-14 所示。

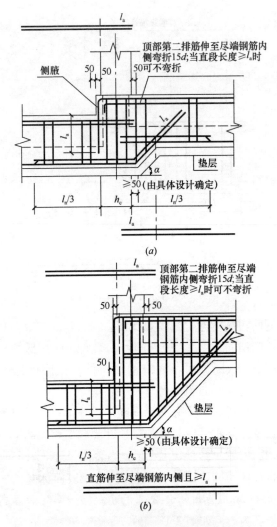

图 3-13　梁顶和梁底均有高差钢筋构造

(a) 构造一；(b) 构造二（仅用于条形基础）

（4）柱两边梁宽不同钢筋构造

柱两边梁宽不同时，宽出部位梁的上、下部第一排纵筋连通设置；在宽出部位，不能连通的钢筋，上、下部第二排纵筋伸至

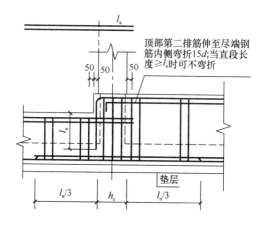

图 3-14　梁顶有高差钢筋构造

尽端钢筋内侧，弯折长度为 $15d$；当直锚长度 $\geqslant l_a$ 时，可不弯折，如图 3-15 所示。

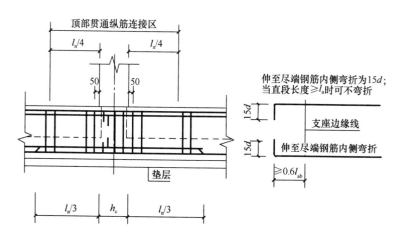

图 3-15　柱两边梁宽不同钢筋构造

3. 基础主梁与柱结合部侧腋构造

　　基础主梁与柱结合部侧腋的构造共有五种形式，如图 3-16 所示。

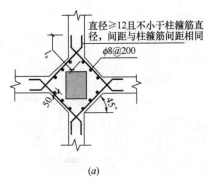

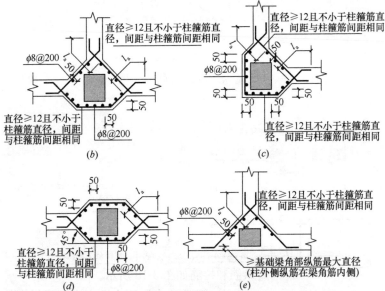

图 3-16　基础主梁与柱结合部侧腋构造

(a) 十字交叉基础梁与柱结合部侧腋构造；(b) 丁字交叉基础梁与柱结合部侧腋构造；(c) 无外伸基础梁与角柱结合部侧腋构造；(d) 基础梁中心穿柱侧腋构造；(e) 基础梁偏心穿柱与柱结合部侧腋构造

其构造要求可概括为：

(1) 侧腋配筋

1) 加腋筋直径≥12mm 且不小于柱箍筋直径，间距与柱箍筋间距相同；

2）分布筋规格为$\phi8@200$；

3）伸入柱内总锚固长度$\geqslant l_a$；

4）各边侧腋宽出尺寸均为 50mm。

（2）梁柱等宽设置

当基础梁与柱等宽，或柱与梁的某一侧面相平时，存在因梁纵筋与柱纵筋同在一个平面内导致直通交叉遇阻的情况。此时，应适当调整基础梁宽度，使柱纵筋直通锚固。

当柱与基础梁结合部位的梁顶面高度不同时，梁包柱侧腋顶面应与较高基础梁的梁顶面一平（即在同一平面上）。侧腋顶面至较低梁顶面高差内的侧腋，可参照角柱或丁字交叉基础梁包柱侧腋构造进行施工。

4. 基础主梁竖向加腋钢筋构造

基础主梁竖向加腋钢筋构造，见图 3-17。

其构造要求可概括为：

1）加腋筋的两端分别伸入基础主梁和柱内，锚固长度为 l_a；

2）加腋范围的箍筋与基础梁的箍筋配置相同，仅箍筋高度为变值；

3）基础梁高加腋筋规格，若施工图未注明，则同基础梁顶部纵筋；若施工图有标注，则按其标注规格；

4）基础梁高加腋筋，根数为基础梁顶部第一排纵筋根数-1。

5. 基础梁侧面构造纵筋和拉筋构造

基础梁侧面构造纵筋和拉筋如图 3-18 所示。

基础梁 $h_w \geqslant 450$mm 时，梁的两个侧面应沿高度配置纵向构造钢筋，纵向构造钢筋间距为 $a \leqslant 200$mm；侧面构造纵筋能贯通就贯通，不能贯通则取锚固长度值为 $15d$，如图 3-18、图 3-19 所示。

梁侧钢筋的拉筋直径除注明者外均为 8mm，间距为箍筋间距的两倍。当设有多排拉筋时，上下两排拉筋竖向错开设置。

基础梁侧面纵向构造钢筋搭接长度为 $15d$。十字相交的基础梁，当相交位置有柱时，侧面构造纵筋锚入梁包柱侧腋内$15d$，

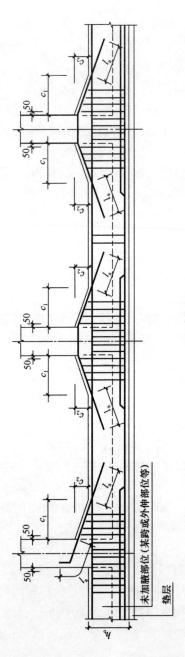

图 3-17　基础主梁竖向加腋钢筋构造

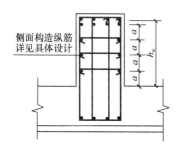

图 3-18 梁侧面构造钢筋和拉筋

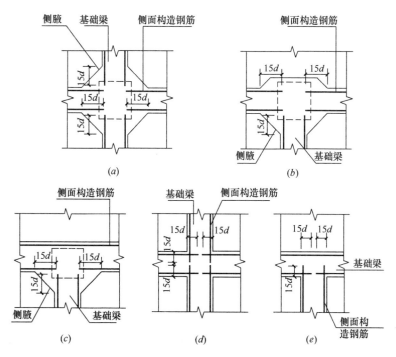

图 3-19 侧面纵向钢筋锚固要求

53

见图 3-19 （a）；当无柱时，侧面构造纵筋锚入交叉梁内 $15d$，见图 3-19 （d）。丁字相交的基础梁，当相交位置无柱时，横梁外侧的构造纵筋应贯通，横梁内侧的构造纵筋锚入交叉梁内 $15d$，见图 3-19 （e）。

基础梁侧面受扭纵筋的搭接长度为 l_l，其锚固长度为 l_a，锚固方式同梁上部纵筋。

6. 基础次梁竖向加腋钢筋构造

基础次梁竖向加腋钢筋构造，见图 3-20。

基础次梁竖向加腋钢筋构造要求：

1）基础次梁高加腋筋，根数为基础次梁顶部第一排纵筋根数－1；

2）基础次梁高加腋筋，长度为锚入基础梁内 l_a。

7. 梁板式筏形基础平板钢筋构造

梁板式筏形基础平板钢筋构造（柱下区域），见图 3-21。

梁板式筏形基础平板钢筋构造（跨中区域），见图 3-22。

其构造要求为：

1）顶部贯通纵筋：

①在连接区内采用搭接、机械连接或焊接。

②同一连接区段内接头面积百分比不宜大于 50%。

③当钢筋长度可穿过一连接区到下一连接区并满足要求时，宜穿越设置。

2）底部非贯通纵筋自梁中心线到跨内的伸出长度 $\geqslant l_n/3$（l_n 是基础平板 LPB 的轴线跨度）。

3）底部贯通纵筋：

①在基础平板 LPB 内按贯通布置。

②底部贯通纵筋的长度＝跨度－左侧伸出长度－右侧伸出长度 $\leqslant l_n/3$（左、右侧延伸长度，即左、右侧的底部非贯通纵筋伸出长度）。

③底部贯通纵筋直径不一致时：

当某跨底部贯通纵筋直径大于邻跨时，如果相邻板区板底相

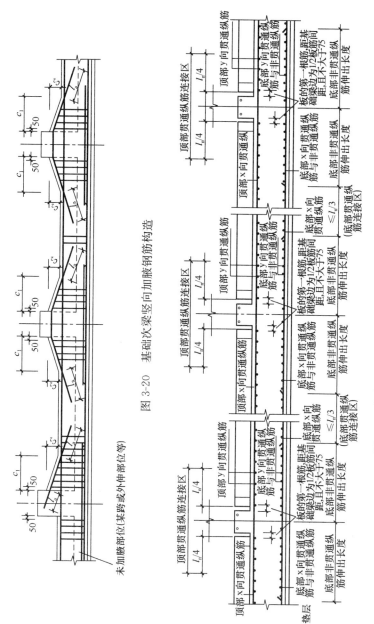

图 3-20　基础次梁竖向加腋钢筋构造

图 3-21　梁板式筏形基础平板钢筋构造（柱下区域）

55

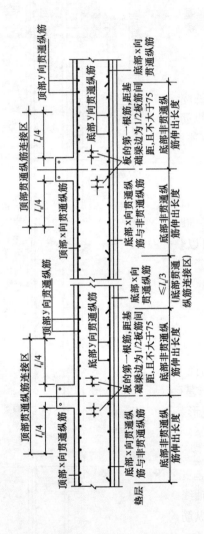

图 3-22　梁板式筏形基础平板钢筋构造（跨中区域）

56

平，则应在两毗邻跨中配置较小一跨的跨中连接区内进行连接（即配置较大板跨的底部贯通纵筋须越过板区分界线，伸至毗邻板跨的跨中连接区域）。

8. 平板式筏形基础柱下板带与跨中板带纵向钢筋构造

（1）平板式筏形基础柱下板带纵向钢筋构造

平板式筏形基础柱下板带纵向钢筋构造，见图3-23。

平板式筏形基础柱下板带纵向钢筋构造要求：

1）底部非贯通纵筋由设计注明。

2）底部贯通纵筋贯通布置。

底部贯通纵筋连接区长度＝跨度－左侧延伸长度－右侧延伸长度。

3）顶部贯通纵筋按全长贯通布置。

（2）平板式筏形基础跨中板带纵向钢筋构造

平板式筏形基础跨中板带纵向钢筋构造，见图3-24。

由上图我们可以获得以下信息：

1）底部非贯通纵筋由设计注明。

2）底部贯通纵筋贯通布置。

底部贯通纵筋连接区长度＝跨度－左侧延伸长度－右侧延伸长度。

3）顶部贯通纵筋按全长贯通布置，顶部贯通纵筋的连接区的长度为正交方向柱下板带的宽度。

9. 平板式筏形基础平板钢筋构造

（1）平板式筏形基础平板钢筋构造（柱下区域）

平板式筏形基础平板钢筋构造（柱下区域），见图3-25。

平板式筏形基础平板钢筋构造要求：

1）底部附加非贯通纵筋自梁中线到跨内的伸出长度$\geqslant l_n/3$（l_n为基础平板的轴线跨度）。

2）底部贯通纵筋连接区长度＝跨度－左侧延伸长度－右侧延伸长度$\leqslant l_n/3$（左、右侧延伸长度，即左、右侧的底部非贯通纵筋延伸长度）。

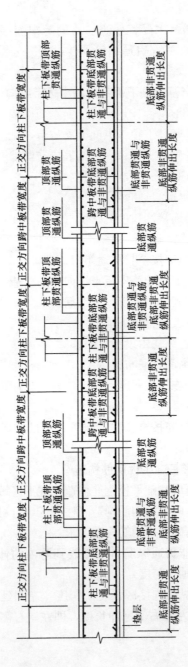

图 3-23 平板式筏形基础柱下板带纵向钢筋构造

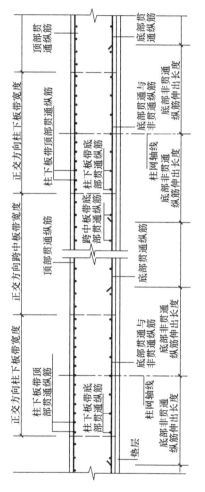

图 3-24　平板式筏形基础跨中板带纵向钢筋构造

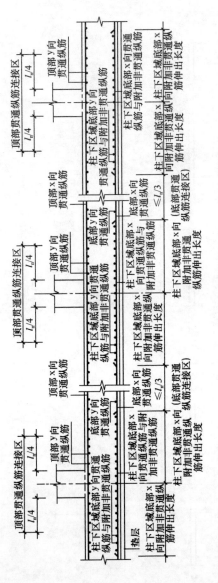

图 3-25 平板式筏形基础平板钢筋构造（柱下区域）

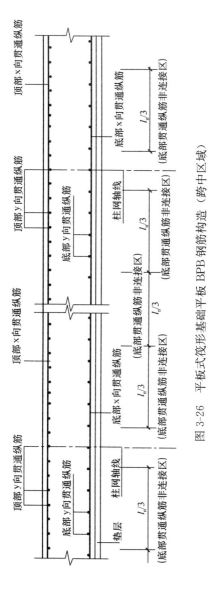

图 3-26 平板式筏形基础平板 BPB 钢筋构造（跨中区域）

当底部贯通纵筋直径不一致时：

当某跨底部贯通纵筋直径大于邻跨时，如果相邻板区板底一平，则应在两毗邻跨中配置较小一跨的跨中连接区内进行连接。

3）顶部贯通纵筋按全长贯通设置，连接区的长度为正交方向的柱下板带宽度。

4）跨中部位为顶部贯通纵筋的非连接区。

（2）平板式筏形基础平板 BPB 钢筋构造（跨中区域）

平板式筏形基础平板 BPB 钢筋构造（跨中区域），见图 3-26。

3.2　筏形基础钢筋翻样

3.2.1　基础梁钢筋翻样

1. 基础梁纵筋翻样

（1）基础梁无外伸

基础梁端部无外伸构造如图 3 27 所示。

上部贯通筋长度 = 梁长 $- 2c_1 + (h_b - 2c_2)/2$

下部贯通筋长度 = 梁长 $- 2c_1 + (h_b - 2c_2)/2$

其中　c_1——基础梁端保护层厚度；

　　　h_b——基础梁高度；

　　　c_2——基础梁上下保护层厚度。

上部或者下部钢筋根数不同时：

多出的钢筋长度 = 梁长 $- 2c +$ 左弯折 $15d +$ 右弯折 $15d$

其中　c——基础梁保护层厚度（当基础梁端、基础梁底、基础梁顶保护层不同时应分别计算）；

　　　d——钢筋直径。

（2）基础梁等截面外伸

基础主梁等截面外伸构造如图 3-28 所示。

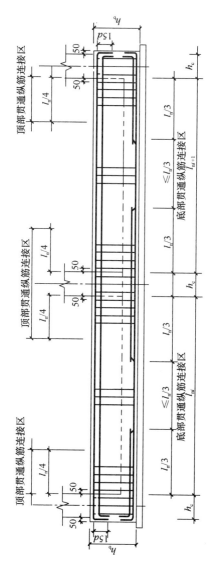

图 3-27 基础梁无外伸构造

63

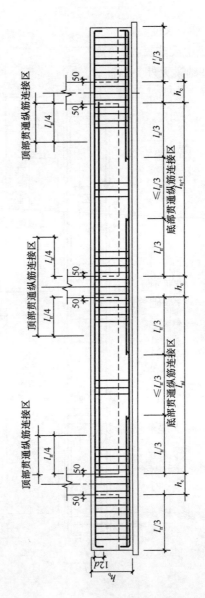

图 3-28 基础主梁等截面外伸构造

上部贯通筋长度＝梁长－2×保护层＋左弯折 $12d$＋右弯折 $12d$

下部贯通筋长度＝梁长－2×保护层＋左弯折 $12d$＋右弯折 $12d$

2. 基础主梁非贯通筋翻样

（1）基础梁无外伸

基础梁端部无外伸构造如图 3-27 所示。

$$下部端支座非贯通钢筋长度 = 0.5h_c + \max(l_n/3, 1.2l_a + h_b$$
$$+ 0.5h_c) + (h_b - 2 \times c)/2$$

$$下部多出的端支座非贯通钢筋长度 = 0.5h_c + \max(l_n/3,$$
$$1.2l_a + h_b + 0.5h_c)$$
$$+ 15d$$

$$下部中间支座非贯通钢筋长度 = \max(l_n/3, 1.2l_a + h_b +$$
$$0.5h_c) \times 2$$

其中 l_n——左跨与右跨之间的较大值；

$\quad\quad h_b$——基础梁截面高度；

$\quad\quad h_c$——沿基础梁跨度方向柱截面高度；

$\quad\quad c$——基础梁保护层厚度。

（2）基础梁等截面外伸

基础主梁等截面外伸构造如图 3-28 所示。

$$下部端支座非贯通钢筋长度 = 外伸长度 l + \max(l_n/3, l'_n) +$$
$$12d$$

$$下部中间支座非贯通钢筋长度 = \max(l_n/3, l'_n) \times 2$$

其中，$l'_n = 1.2l_a + h_b + 0.5h_c$。

3. 基础梁架立筋翻样

当梁下部贯通筋的根数少于箍筋的肢数时，在梁的跨中 1/3 跨度范围内必须设置架立筋用来固定箍筋，架立筋与支座负筋搭接 150mm。

$$基础梁首跨架立筋长度 = l_1 - \max(l_1/3, 1.2l_a + h_b + 0.5h_c)$$
$$- \max(l_1/3, l_2/3, 1.2l_a + h_b +$$
$$0.5h_c) + 2 \times 150$$

$$基础梁中间跨架立筋长度 = l_{n2} - \max(l_1/3, l_2/3, 1.2l_a + h_b$$

$$+ 0.5h_c) - \max(l_2/3, l_3/3,$$
$$1.2l_a + h_b + 0.5h_c) + 2 \times 150$$

其中　l_1——首跨轴线至轴线长度；

　　　l_2——第二跨轴线至轴线长度；

　　　l_3——第三跨轴线至轴线长度；

　　　l_n——中间第 n 跨轴线至轴线长度；

　　　l_{n2}——中间第 2 跨轴线至轴线长度。

4. 基础梁拉筋翻样

梁侧面拉筋根数 = 侧面筋道数 $n \times [(l_n - 50 \times 2)/$ 非加密区间距的 2 倍 $+1]$

梁侧面拉筋长度 =（梁宽 b - 保护层厚度 $c \times 2$）$+ 4d + 2 \times 11.9d$

5. 基础梁箍筋翻样

箍筋根数为：

根数 = 根数 1 + 根数 2 + {[梁净长 - 2×50 - （根数 1 - 1）× 间距 1 - （根数 2 - 1）× 间距 2]}/间距 3 - 1

当设计未标注加密箍筋范围时，

箍筋加密区长度 $L_1 = \max(1.5h_b，500)$

箍筋根数 = $2 \times [(L_1 - 50)/$ 加密区间距 $+1] + \Sigma$（梁宽 - 2× 50）/加密区间距 - 1 + $(l_n - 2 \times L_1)/$ 非加密区间距 - 1

为方便计算，箍筋与拉筋弯钩平直段长度按 $10d$ 计算。实际钢筋预算与下料时，应根据箍筋直径和构件是否抗震而定。

箍筋预算长度 = $(b+h) \times 2 - 8 \times c + 2 \times 11.9d + 8d$

箍筋下料长度 = $(b+h) \times 2 - 8 \times c + 2 \times 11.9d + 8d - 3 \times 1.75d$

内箍预算长度 = $\{[(b - 2 \times c - D)/n - 1] \times j + D\} \times 2 + 2 \times (h - c) + 2 \times 11.9d + 8d$

内箍下料长度 = $\{[(b - 2 \times c - D)/n - 1] \times j + D\} \times 2 + 2$

$$\times (h-c)+2\times 11.9d+8d-3\times 1.75d$$

其中 b——梁宽度；

c——梁侧保护层厚度；

D——梁纵筋直径；

n——梁箍筋肢数；

j——梁内箍包含的主筋孔数；

d——梁箍筋直径。

6. 基础梁附加箍筋翻样

附加箍筋间距 $8d$（d 是箍筋直径）且不大于梁正常箍筋间距。

附加箍筋根数若设计注明则按设计，若设计只注明间距而未注写具体数量则按平法构造，计算如下：

附加箍筋根数$=2\times$（次梁宽度/附加箍筋间距$+1$）

7. 基础梁附加吊筋翻样

附加吊筋长度$=$次梁宽$+2\times 50+2\times$（主梁高$-$保护层厚度）$/\sin45°(60°)+2\times 20d$

8. 变截面基础梁钢筋翻样

梁变截面包括几种情况：上平下不平，下平上不平，上下均不平，左平右不平，右平左不平，左右无不平。

当基础梁下部有高差时，低跨的基础梁必须做成 $45°$ 或者 $60°$ 梁底台阶或者斜坡。

当基础梁有高差时，不能贯通的纵筋必须相互锚固。

1）当基础下平上不平时：

低跨的基础梁上部纵筋伸入高跨内一个 l_a；

高跨梁上部第一排纵筋弯折长度$=$高差值$+l_a$

2）当基础上平下不平时：

高跨基础梁下部纵筋伸入低跨梁$=l_a$

低跨梁下部第一排纵筋斜弯折长度$=$高差值$/\sin45°(60°)+l_a$

3）当基础梁上下均不平时：

低跨的基础梁上部纵筋伸入高跨内一个 l_a；

高跨梁上部第一排纵筋弯折长度＝高差值＋l_a

高跨基础梁下部纵筋伸入低跨内长度＝l_a

低跨梁下部第一排纵筋斜弯折长度＝高差值$/\sin 45°(60°)+l_a$

当支座两边基础梁宽不同或者梁不对齐时，将不能拉通的纵筋伸入支座对边后弯折 $15d$；

当支座两边纵筋根数不同时，可以将多出的纵筋伸入支座对边后弯折 $15d$。

9. 基础梁侧腋钢筋翻样

除了基础梁比柱宽且完全形成梁包柱的情形外，基础梁必须加腋，加腋钢筋直径不小于 12mm 并且不小于柱箍筋直径，间距同柱箍筋间距。在加腋筋内侧梁高位置布置分布筋 $\phi 8@200$。

加腋纵筋长度＝Σ 侧腋边净长＋$2\times l_a$

10. 基础梁竖向加腋钢筋翻样

加腋上部斜纵筋根数＝梁下部纵筋根数－1 且不少于两根，并插空放置。其箍筋与梁端部箍筋相同。

箍筋根数 $= 2\times[(1.5\times h_b)/$ 加密区间距$]+(l_n-3h_b-2\times c_1)/$ 非加密区间距-1

加腋区箍筋根数 $=(c_1-50)/$ 箍筋加密区间距$+1$

加腋区箍筋理论长度 $= 2\times b+2\times(2\times h+c_2)-8\times c+2\times 11.9d+8d$

加腋区箍筋下料长度 $= 2\times b+2\times(2\times h+c_2)-8\times c+2\times 11.9d+8d-3\times 1.75d$

加腋区箍筋最长预算长度 $= 2\times(b+h+c_2)-8\times c+2\times 11.9d+8d$

加腋区箍筋最长下料长度 $= 2\times(b+h+c_2)-8\times c+2\times 11.9d+8d-3\times 1.75d$

加腋区箍筋最短预算长度 $= 2\times(b+h)-8\times c+2\times 11.9d+8d$

加腋区箍筋最短下料长度 $= 2\times(b+h)-8\times c+2\times 11.9d+8d-3\times 1.75d$

加腋区箍筋总长缩尺量差 ＝（加腋区箍筋中心线最长长度－
加腋区箍筋中心线最短长度）/
加腋区箍筋数量－1

加腋区箍筋高度缩尺量差 ＝ 0.5×（加腋区箍筋中心线最长
长度－加腋区箍筋中心线最短
长度）/加腋区箍筋数量－1

加腋区纵筋长度 ＝ $\sqrt{c_1^2 + c_2^2} + 2 \times l_a$

3.2.2 梁板式筏形基础钢筋翻样

1. 端部无外伸构造

底部贯通筋长度＝筏板长度－2×保护层厚度＋弯折长度 2
×15d

即使底部锚固区水平段长度满足不小于 $0.6l_a$ 时，底部纵筋
也必须要伸至基础梁箍筋内侧。

上部贯通筋长度＝筏板净跨长＋max（12d，$0.5h_c$）

2. 端部有外伸构造

底部贯通筋长度＝筏板长度－2×保护层厚度＋弯折长度

上部贯通筋长度＝筏板长度－2×保护层厚度＋弯折长度

弯折长度算法：

（1）弯钩交错封边

弯钩交错封边构造如图 3-29 所示。

弯折长度＝筏板高度/2－保护层厚度＋75mm

（2）U 形封边构造

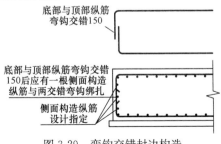

图 3-29 弯钩交错封边构造

U 形封边构造如图 3-30 所示。

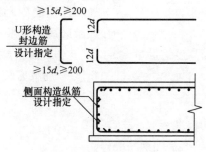

图 3-30 U形封边构造

弯折长度＝12d

U 形封边长度＝筏板高度－2×保护层厚度＋12d＋12d

（3）无封边构造

无封边构造如图 3-31 所示。

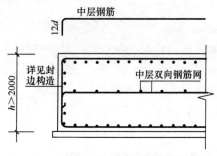

图 3-31 无封边构造

弯折长度＝12d

中层钢筋网片长度＝筏板长度－2×保护层厚度＋2×12d

3. 梁板式筏形基础平板变截面钢筋翻样

筏板变截面包括几种情况：板底有高差，板顶有高差，板底、板顶均有高差。

当筏板下部有高差时，低跨的筏板必须做成 45°或者 60°梁底台阶或者斜坡。

当筏板梁有高差时,不能贯通的纵筋必须相互锚固。

(1)板底有高差

基础筏板板底有高差构造如图 3-32 所示。

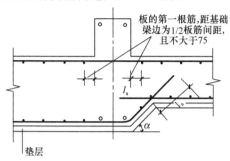

图 3-32　板底有高差

高跨基础筏板下部纵筋伸入高跨内长度＝l_a

低跨基础筏板下部纵筋斜弯折长度＝高差值/sin45°（60°）

$$+l_a$$

(2)板顶有高差

板顶有高差构造如图 3-33 所示。

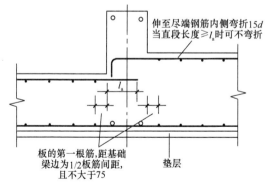

图 3-33　板顶有高差

低跨基础筏板上部纵筋伸入基础梁内长度＝max（12d,0.5h_b）

高跨基础筏板上部纵筋伸入基础梁内长度＝max（12d，0.5h_b）

（3）板顶、板底均有高差

板顶、板底均有高差构造如图 3-34 所示。

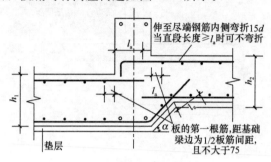

伸至尽端钢筋内侧弯折15d
当直段长度≥l_a时可不弯折

板的第一根筋，距基础梁边为1/2板筋间距，且不大于75

图 3-34　板顶、板底有高差

低跨基础筏板上部纵筋伸入基础主梁内 max(12d，0.5h_b)
高跨基础筏板上部纵筋伸入基础主梁内 max(12d，0.5h_b)
高跨的基础筏板下部纵筋伸入高跨内长度＝l_a
低跨的基础筏板下部纵筋斜弯折长度＝高差值/sin45°（60°）
$$+l_a$$

4 柱平法识图与钢筋翻样

4.1 柱钢筋的平法识图

4.1.1 柱平法施工图的表示方法

柱的平法施工图，可用列表注写或截面注写两种方式表达。

柱平面布置图的主要功能是表达竖向构件（柱或剪力墙），可采用适当比例单独绘制，当主体结构为框架-剪力墙结构时，通常与剪力墙平面布置图合并绘制（剪力墙结构施工图制图规则见本书第 5 章）。所谓"适当比例"，是指一种或两种比例。两种比例是指柱轴网布置采用一种比例，柱截面轮廓在原位采用另一种比例适当放大绘制的方法，如图 4-1 所示。

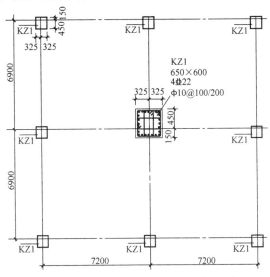

图 4-1 两种比例绘制的柱平面布置图

层号	标高(m)	层高(m)
屋面2	65.670	
塔层2	62.370	3.30
屋面1(塔层1)	59.070	3.30
16	55.470	3.60
15	51.870	3.60
14	48.270	3.60
13	44.670	3.60
12	41.070	3.60
11	37.470	3.60
10	33.870	3.60
9	30.270	3.60
8	26.670	3.60
7	23.070	3.60
6	19.470	3.60
5	15.870	3.60
4	12.270	3.60
3	8.670	3.60
2	4.470	4.20
1	−0.030	4.50
−1	−4.530	4.50
−2	−9.030	4.50

结构层楼面标高
结 构 层 高

注:上部结构嵌固部位−4.530m。

图4-2 结构层楼面标高和结构层高表

在柱平法施工图中,应注明各结构层的楼面标高、结构层高及相应的结构层号表,便于将注写的柱段高度与该表对照,明确各柱在整个结构中的竖向定位,除此之外,尚应注明上部结构嵌固部位位置。一般情况下,柱平法施工图中标注的尺寸以毫米(mm)为单位,标高以米(m)为单位。

上部结构嵌固部位的注写:

(1)框架柱嵌固部位在基础顶面时,无须注明。

(2)框架柱嵌固部位不在基础顶面时,在层高表嵌固部位标高下使用双细线注明,并在层高表下注明上部结构嵌固部位标高。

(3)框架柱嵌固部位不在地下室顶板,但仍需考虑地下室顶板对上部结构实际存在嵌固作用时,可在层高表地下室顶板标高下使用双虚线注明,此时首层柱端箍筋加密区长度范围及纵向钢筋(也称"纵筋")连接位置均按嵌固部位要求设置。

结构层楼面标高和结构层高表如图4-2所示。

4.1.2 列表注写方式

1. 定义

列表注写方式,是指在柱平面布置图上(一般只需采用适当比例绘制一张柱平面布置图,包括框架柱、转换柱、芯柱等),分别在同一编号的柱中选择一个(有时需要选择几个)截面标注几何参数代号;在柱表中注写柱编号、柱段起止标高、几何尺寸(含柱截面对轴线的定位情况)与配筋的具体数值,并配以柱截面形状及其箍筋类型的方式来表达柱平法施工图(图4-3)。

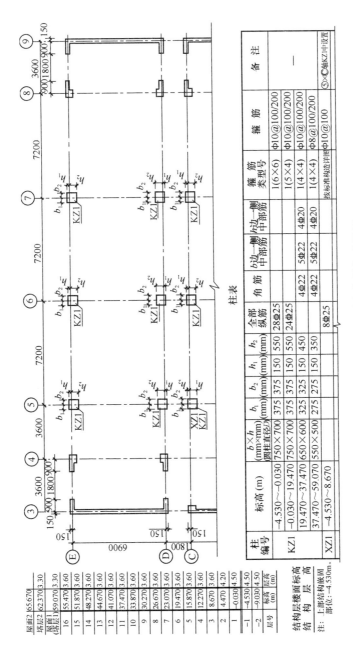

图 4-3 柱平法施工图列表注写方式示例

柱表

柱号	标高(m)	$b \times h$ (mm×mm) (圆柱直径D)	b_1 (mm)	b_2 (mm)	h_1 (mm)	h_2 (mm)	全部纵筋	角筋	b边一侧中部筋	h边一侧中部筋	箍筋类型号	箍筋	备注
KZ1	-4.530～-0.030	750×700	375	375	150	550	28Φ25				1(6×6)	Φ10@100/200	
	-0.030～19.470	750×700	375	375	150	550	24Φ25				1(5×4)	Φ10@100/200	
	19.470～37.470	650×600	325	325	150	450		4Φ22	5Φ22	4Φ20	1(4×4)	Φ10@100/200	—
	37.470～59.070	550×500	275	275	150	350		4Φ22	5Φ22	4Φ20	1(4×4)	Φ8@100/200	
XZ1	-4.530～8.670							8Φ25			按标准构造详图	Φ10@100	⑤×⑥轴KZ1中设置

注: 上部结构嵌固部位: -4.530m。

结构层楼面标高
结构层高

屋面2	65.670	
塔层2	62.370	3.30
屋面1		3.30
(塔层1)	59.070	

层号	标高(m)	层高(m)
16	55.470	3.60
15	51.870	3.60
14	48.270	3.60
13	44.670	3.60
12	41.070	3.60
11	37.470	3.60
10	33.870	3.60
9	30.270	3.60
8	26.670	3.60
7	23.070	3.60
6	19.470	3.60
5	15.870	3.60
4	12.270	3.60
3	8.670	3.60
2	4.470	4.20
1	-0.030	4.50
-1	-4.530	4.50
-2	-9.030	4.50

75

柱平法施工图列表注写方式主要包括以下几个组成部分：平面图、柱截面图类型、柱表、结构层楼面标高结构层高表。各部分作用：平面图明确定位轴线、柱的代号、形状及轴线的关系；柱的截面形状为矩形时，与轴线的关系分为偏轴线、柱的中心线与轴线重合两种形式。

2. 柱表的内容

（1）柱编号

柱编号由类型代号和序号组成，应符合表 4-1 的规定。

柱编号 表 4-1

柱类型	类型代号	序号
框架柱	KZ	××
转换柱	ZHZ	××
芯柱	XZ	××

注：编号时，当柱的总高、分段截面尺寸和配筋均对应相同，仅截面与轴线的关系不同时，仍可将其编为同一柱号，但应在图中注明截面与轴线的关系。

（2）柱段起止标高

各段柱的起止标高，自柱根部往上以变截面位置或截面未变但配筋改变处为界分段注写。

梁上起框架柱的根部标高系指梁顶面标高；剪力墙上起框架柱的根部标高为墙顶面标高。从基础起的柱，其根部标高系指基础顶面标高。

当屋面框架梁上翻时，框架柱顶标高应为梁顶面标高。

芯柱的根部标高系指根据结构实际需要而定的起始位置标高。

（3）截面几何尺寸

矩形柱截面尺寸用 $b \times h$ 表示。通常，$b \times h$ 及与轴线关系的几何参数代号 b_1、b_2 和 h_1、h_2 的具体数值，需对应于各段柱分别注写。其中 $b = b_1 + b_2$，$h = h_1 + h_2$。当截面的某一边收缩变化至与轴线重合或偏到轴线的另一侧时，b_1、b_2、h_1、h_2 中的某项为零或为负值。

圆柱截面尺寸用 d 表示。为表达简单，圆柱截面与轴线的关系也用 b_1、b_2 和 h_1、h_2 表示，并使 $d=b_1+b_2=h_1+h_2$。

设计人员也可在柱平面布置图中注明柱截面尺寸及轴线的关系，此时柱表中无需重复注写。

对于芯柱，根据结构需要，可以在某些框架柱的一定高度范围内，在其内部的中心位置设置（分别引注其柱编号）。芯柱中心应与柱中心重合，并标注其截面尺寸，按 22G101-1 图集标准构造详图施工；当设计者采用与 22G101-1 图集不同的做法时，应另行注明。芯柱定位随框架柱，不需要注写其与轴线的几何关系。

（4）柱纵筋

当柱纵筋直径相同，各边根数也相同时（包括矩形柱、圆柱和芯柱），将纵筋注写在"全部纵筋"一栏中；除此之外，柱纵筋分角筋、截面 b 边中部筋和 h 边中部筋三项分别注写(对于采用对称配筋的矩形截面柱，可仅注写一侧中部筋，对称边省略不注；对于采用非对称配筋的矩形截面柱，必须每侧均注写中部筋）。

（5）箍筋

在箍筋类型栏内注写按表 4-2 规定的箍筋类型编号和箍筋肢数。箍筋肢数可有多种组合，应在表中注明具体的数值：m、n 及 Y 等。

箍筋类型表　　　　　　　　　　　　表 4-2

箍筋类型编号	箍筋肢数	复合方式
1	$m\times n$	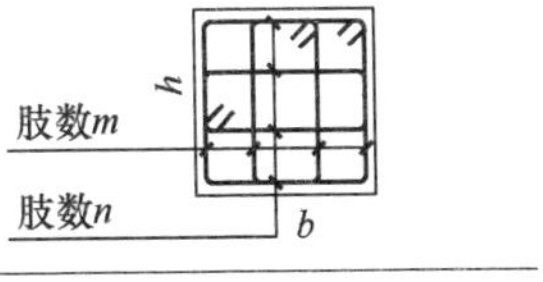
2	—	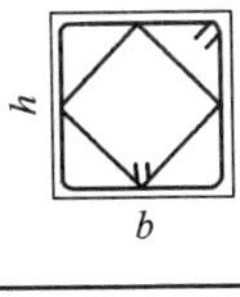

箍筋类型编号	箍筋肢数	复合方式
3	—	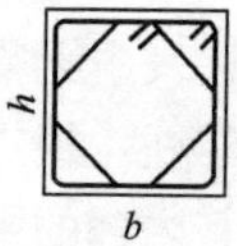
4	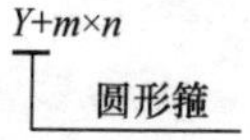 $Y+m×n$ 圆形箍	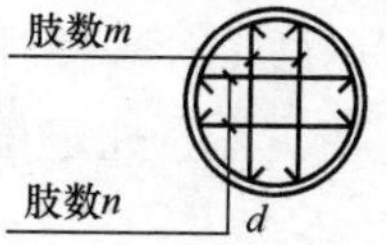 肢数 m 肢数 n

注：1. 确定箍筋肢数时应满足对柱纵筋"隔一拉一"以及箍筋肢距的要求。

2. 具体工程设计时，若采用超出本表所列举的箍筋类型或标准构造详图中的箍筋复合方式，应在施工图中另行绘制，并标注与施工图中对应的 b 和 h。

（6）柱箍筋

注写柱箍筋，包括钢筋种类、直径与间距。

用斜线"/"区分柱端箍筋加密区与柱身非加密区长度范围内箍筋的不同间距。施工人员需根据标准构造详图的规定，在规定的几种长度值中取其最大者作为加密区长度。当框架节点核心区内箍筋与柱端箍筋设置不同时，应在括号中注明核心区箍筋直径及间距。

当箍筋沿柱全高为一种间距时，则不使用"/"线。

当圆柱采用螺旋箍筋时，需在箍筋前加"L"。

4.1.3 截面注写方式

截面注写方式，是在柱平面布置图的柱截面上，分别在同一编号的柱中选择一个截面，以直接注写截面尺寸和配筋具体数值的方式来表达柱平法施工图。

柱截面注写方式与识图，见图 4-4。

截面注写方式中，若某柱带有芯柱，则直接在截面注写中，注写芯柱编号及起止标高。见图 4-5。

78

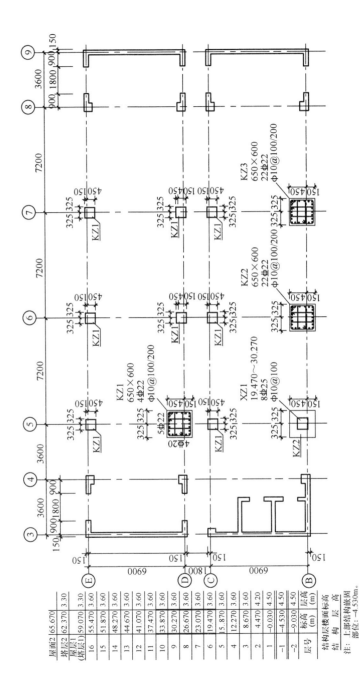

图 4-4 柱截面注写方式图示

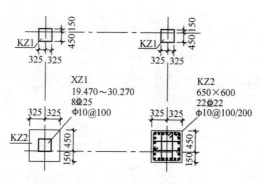

图 4-5　截面注写方式的芯柱表达

　　对除芯柱之外的所有柱截面进行编号，从相同编号的柱中选择一个截面，按另一种比例原位放大绘制柱截面配筋图，并在各配筋图上继其编号后再注写截面尺寸 $b×h$、角筋或全部纵筋（当纵筋采用一种直径且能够图示清楚时）、箍筋的具体数值，以及在柱截面配筋图上标注柱截面与轴线关系 b_1、b_2、h_1、h_2 的具体数值。

　　当纵筋采用两种直径时，需再注写截面各边中部筋的具体数值（对于采用对称配筋的矩形截面柱，可仅在一侧注写中部筋，对称边省略不注）。

　　当在某些框架柱的一定高度范围内，在其内部的中心位设置芯柱时，首先按照表 4-1 的规定编号，编号后注写芯柱的起止标高、全部纵筋及箍筋的具体数值［箍筋的注写方式同本书第 4.1.2 中 2（6）的有关规定］。芯柱截面尺寸按构造确定，并按标准构造详图施工，设计不注；当采用与本构造详图不同的做法时，应另行注明。芯柱定位随框架柱，不需要注写其与轴线的几何关系。

　　在截面注写方式中，如柱的分段截面尺寸和配筋均相同，仅截面与轴线的关系不同时，可将其编为同一柱号。但此时，应在未画配筋的柱截面上注写该柱截面与轴线关系的具体尺寸。

　　采用截面注写方式绘制柱平法施工图，可按单根柱标准层分别绘制，也可将多个标准层合并绘制。当单根柱标准层分别绘制时，柱平法施工图的图纸数量和柱标准层的数量相等；当将多个标准层合并绘制时，柱平法施工图的图纸数量更少，也更便于施工人员对结构形成整体概念。

4.1.4 柱构件标准构造详图

1. 柱纵向钢筋在基础中的构造

柱纵向钢筋在基础中的构造，可根据基础类型、基础高度、基础梁与柱的相对尺寸等因素综合确定。柱纵向钢筋在基础中的构造如图 4-6 所示。

柱纵向钢筋在基础中的构造要求：

（1）图中，h_j 为基础底面至基础顶面的高度，柱下为基础梁时，h_j 为基础梁底面至顶面的高度。当柱两侧基础梁标高不同时取较低标高。

（2）锚固区横向箍筋应满足直径 $\geqslant d/4$（d 为纵筋最大直径），间距 $\leqslant 5d$（d 为纵筋最小直径）且 $\leqslant 100mm$ 的要求。

（3）当柱纵筋在基础中保护层厚度不一致（如纵筋部分位于梁内，部分位于板内），保护层厚度 $\leqslant 5d$ 的部分应设置锚固区横向钢筋。

（4）当符合下列条件之一时，可仅将柱四角纵筋伸至底板钢筋网片上或者筏形基础中间层钢筋网片上（伸至钢筋网片上的柱纵筋间距不应大于 1000mm），其余纵筋锚固在基础顶面下 l_{aE} 即可。

1）柱为轴心受压或小偏心受压，基础高度或基础顶面至中间层钢筋网片顶面距离不小于 1200mm。

2）柱为大偏心受压，基础高度或基础顶面至中间层钢筋网片顶面距离不小于 1400mm。

（5）图中，d 为柱纵筋直径。

2. 梁上起柱钢筋构造

梁上起柱，指一般抗震或非抗震框架梁的少量起柱，其构造不适用于结构转换层的转换大梁起柱。

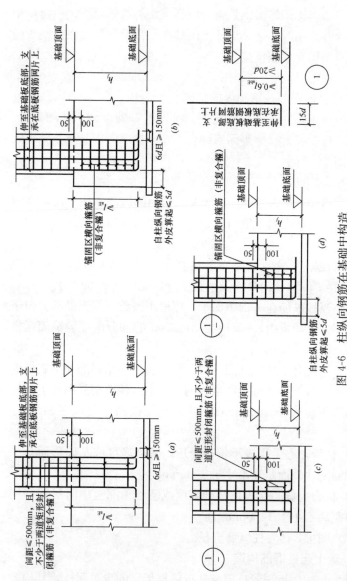

图 4-6 柱纵向钢筋在基础中构造

(a) 保护层厚度>$5d$；基础高度满足直锚；(b) 保护层厚度≤$5d$；基础高度满足直锚；
(c) 保护层厚度>$5d$；基础高度不满足直锚；(d) 保护层厚度≤$5d$；基础高度不满足直锚

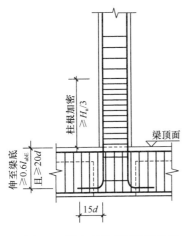

图 4-7 梁上起柱 KZ 纵筋构造

梁上起柱，框架梁是柱的支撑，因此，当梁宽度大于柱宽度时，柱的钢筋能比较可靠地锚固到框架梁中；当梁宽度小于柱宽时，为使柱钢筋在框架梁中锚固可靠，应在框架梁上加侧腋，以提高梁对柱钢筋的锚固性能。

梁上起柱 LZ 在梁上的锚固构造见图 4-7。

柱插筋伸至梁底且 $\geqslant 20d$，竖直锚固长度应 $\geqslant 0.6l_{abE}$，水平弯折 $15d$，d 为柱插筋的直径。

梁上起框架柱时，在梁内设两道柱箍筋；墙体和梁的平面外方向应设梁，以平衡柱脚在该方向的弯矩。

3. 剪力墙上起柱

剪力墙上起柱是指普通剪力墙上个别部位的少量起柱，不包括结构转换层上的剪力墙起柱。剪力墙上起柱按柱纵筋的锚固情况分为：柱与墙重叠一层和柱纵筋锚固在墙顶部时柱根构造两种类型。

（1）柱与墙重叠一层

柱与墙重叠一层的墙上柱的构造要求：柱的纵筋直通下层剪力墙底部下层楼面；在剪力墙顶面以下锚固范围内的柱箍筋按上柱箍筋非加密区要求配置，如图 4-8（a）所示。

（2）柱纵筋锚固在墙顶部时柱根构造

当柱下三面或四面有剪力墙时，柱下所有纵筋自楼板顶面向下锚固长度为 $1.2l_{aE}$，箍筋配置同上柱箍筋非加密区的复合箍筋设置，其构造要求如图 4-8（b）所示。

4. 芯柱配筋构造

芯柱截面尺寸和宽一般为 max（$b/3$，250）和 max（$h/3$，

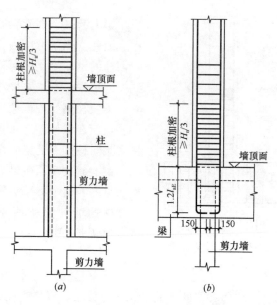

图 4-8 剪力墙上起柱 KZ 纵筋构造

（a）柱与墙重叠一层；（b）柱纵筋锚固在墙顶部时柱根构造

250）。芯柱配置的纵筋和箍筋按设计标注，芯柱纵筋的连接与根部锚固同框架柱，往上直通至芯柱顶标高。芯柱配筋构造如图 4-9 所示。

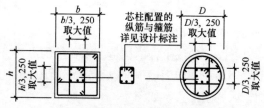

图 4-9　芯柱配筋构造

5. 框架柱纵向钢筋连接构造

框架柱纵向钢筋连接构造有三种方式：绑扎搭接、机械连接和焊接连接。如图 4-10 所示。

柱相邻纵向钢筋连接接头相互错开。在同一连接区段内钢筋

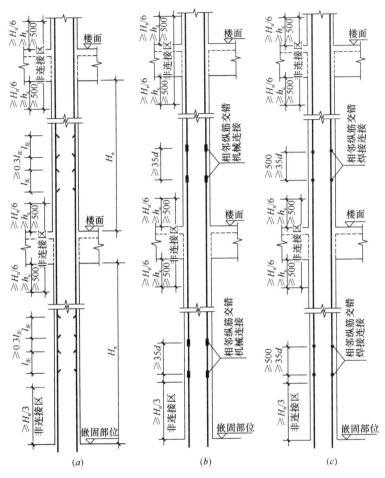

图 4-10 框架柱纵向钢筋连接构造

(a) 绑扎搭接；(b) 机械连接；(c) 焊接连接

接头面积百分率不宜大于 50%。轴心受拉及小偏心受拉柱内的纵向钢筋不得采用绑扎搭接接头，设计者应在柱平法结构施工图中注明其平面位置及层数。

框架柱纵向钢筋连接构造的主要构造要求：

（1）非连接区范围

基础顶面嵌固部位上≥$H_n/3$范围内，楼面以上和框架梁底以下 max（$H_n/6$, h_c, 500）高度范围内为柱非连接区。

（2）接头错开布置

搭接接头错开的距离为 $0.3l_{lE}$；采用机械连接接头错开距离≥35d，焊接连接接头错开距离 max（35d, 500）。

6. 框架柱纵向钢筋上下层配筋量不同时的连接构造

（1）框架柱纵向钢筋上下层配筋根数不同

上柱钢筋比下柱钢筋根数多时，上层柱多出的钢筋伸入下层 $1.2l_{aE}$（注意起算位置）；下柱钢筋比上柱钢筋根数多时，下层柱多出的钢筋伸入上层 $1.2l_{aE}$（注意起算位置），如图 4-11 所示。

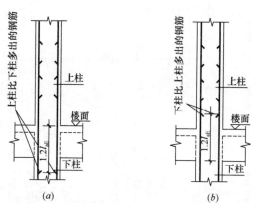

图 4-11　框架柱纵向钢筋上下层配筋根数不同
（a）上柱钢筋比下柱钢筋根数多；（b）下柱钢筋比上柱钢筋根数多

（2）框架柱纵向钢筋上下层配筋直径不同

上柱钢筋比下柱钢筋直径大时，上层较大直径钢筋伸入下层的上端非连接区与下层较小直径的钢筋连接；下柱钢筋比上柱钢筋直径大时，下层较大直径钢筋伸入上层的上端非连接区与上层较小直径的钢筋连接，如图 4-12 所示。

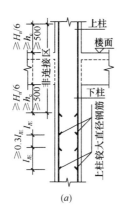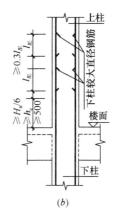

图 4-12　框架柱纵向钢筋上下层配筋直径不同

(a) 上柱钢筋比下柱钢筋直径大；(b) 下柱钢筋比上柱钢筋直径大

7. 框架柱箍筋加密区范围

框架柱箍筋加密区范围与纵筋非连接区位置的要求相同，如图 4-13 所示。

8. 地下室框架柱纵向钢筋连接构造

地下室框架柱纵向钢筋连接构造有三种方式：绑扎搭接、机械连接和焊接连接，如图 4-14 所示。

柱相邻纵向钢筋连接接头相互错开。在同一连接区段内钢筋接头面积百分率不宜大于 50%。轴心受拉及小偏心受拉柱内的纵向钢筋不得采用绑扎搭接接头，设计者应在柱平法结构施工图中注明其平面位置及层数。

框架柱纵向钢筋连接构造的主要构造要求：

（1）非连接区范围

地下室楼面或基础顶面以上和地下室梁底以下 max（$H_n/6$，h_c，500）高度范围内，地下室嵌固部位以上 $\geqslant H_n/3$ 高度范围内，嵌固部位梁底以下 max（$H_n/6$，h_c，500）高度范围内为地下室框架柱非连接区。

（2）接头错开布置

87

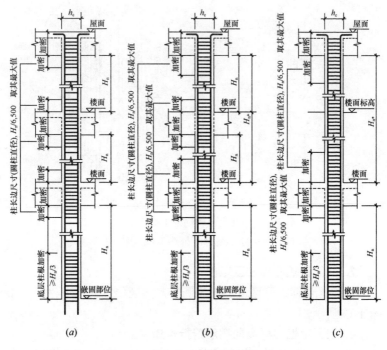

图 4-13　框架柱 KZ 箍筋加密区范围

（a）KZ 箍筋加密区范围；（b）单向穿层 KZ 箍筋加密区范围（单方向无梁且无板）；

（c）双向穿层 KZ 箍筋加密区范围（双方向无梁且无板）

搭接接头错开的距离为 $0.3l_{lE}$；采用机械连接接头错开距离 $\geqslant 35d$，焊接连接接头错开距离 max（$35d$，500）。

9. 地下室框架柱的箍筋加密区范围

地下室框架柱箍筋加密区范围与纵筋非连接区位置的要求相同，如图 4-15 所示。

10. 框架柱节点钢筋构造

（1）框架柱变截面位置纵向钢筋构造

框架柱变截面位置纵向钢筋的构造要求通常是指当楼层上下柱截面发生变化时，其纵筋在节点的锚固方法和构造措施。纵向

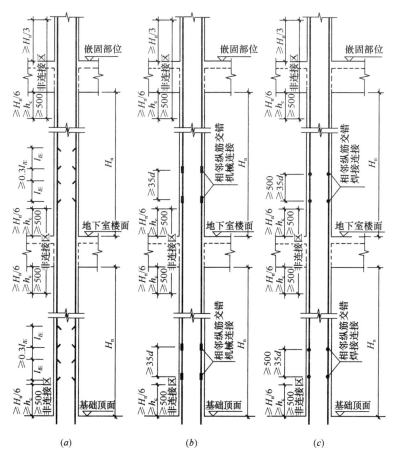

图 4-14　地下室框架柱纵向钢筋连接构造

（a）绑扎搭接；（b）机械连接；（c）焊接连接

钢筋根据框架柱在上下楼层截面变化相对梁高数值的大小，有两种常用的锚固措施：纵筋在节点内贯通锚固（图 4-16）和非贯通锚固（图 4-17）。

（2）框架柱顶层中间节点钢筋构造

根据框架柱在柱网布置中的具体位置（或框架柱四边与框架

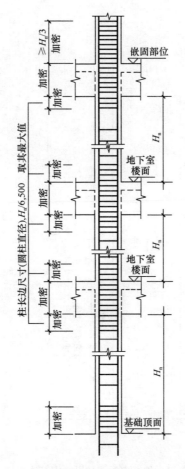

图 4-15 地下室框架柱的箍筋加密区范围

梁连接的边数），可分为：中柱、边柱和角柱。根据框架柱中钢筋的位置，可以将框架柱中的钢筋分为框架柱内侧纵筋和外侧纵筋。

框架柱中柱柱顶纵向钢筋构造如图 4-18 所示。

其构造要点有：

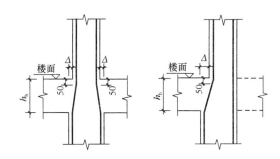

图 4-16　框架柱变截面位置纵向钢筋贯通锚固（$\Delta/h_b \leqslant 1/6$）

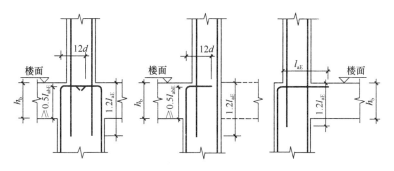

图 4-17　框架柱变截面位置纵向钢筋非贯通锚固

1）柱纵筋直锚入梁中。当顶层框架梁的高度（减去保护层厚度）能满足框架柱纵向钢筋的最小锚固长度时，框架柱纵筋伸入框架梁内，采取直锚的形式，其构造如图 4-18（a）所示。

2）柱纵筋加锚头/锚板伸至梁中。当顶层框架梁的高度（减去保护层厚度）不能够满足框架柱纵向钢筋的最小锚固长度时，框架柱纵筋伸入框架梁内，可采取端头加锚头（锚板）锚固的形式，如图 4-18（b）所示。

3）柱纵筋弯锚入梁中。当顶层框架梁的高度（减去保护层厚度）不能满足框架柱纵向钢筋的最小锚固长度时，框架柱纵筋伸入框架梁内，采取内弯折锚固的形式，如图 4-18（c）所示；当直锚长度小于最小锚固长度，且顶层为现浇混凝土板，其混凝土强度等级不小于 C20；板厚不小于 100mm 时，可采用向外弯

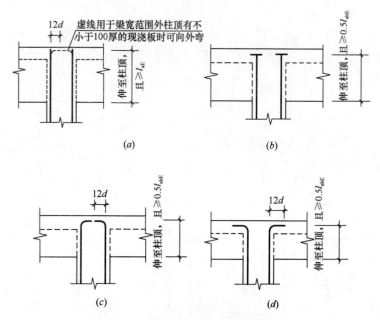

图 4-18　框架柱中柱柱顶纵向钢筋构造

(*a*) 节点①；(*b*) 节点②；(*c*) 节点③；(*d*) 节点④

折锚固的形式，如图 4-18（*d*）所示。

（3）框架柱顶层端节点钢筋构造

框架柱顶层端节点钢筋由框架梁和框架柱两部分钢筋组成，框架梁和框架柱的钢筋在顶层端节点连接方式如图 4-19～图 4-21 所示。

1）KZ 边柱和角柱梁宽范围外节点外侧柱纵向钢筋构造应与梁宽范围内节点外侧和梁端顶部弯折搭接构造配合使用。

2）梁宽范围内 KZ 边柱和角柱柱纵向钢筋伸入梁内的柱外侧纵筋不宜少于柱外侧全部纵筋面积的 65％。

3）当柱外侧纵向钢筋直径不小于梁上部钢筋时，图 4-21 与图 4-19（梁宽范围内钢筋）组合使用。

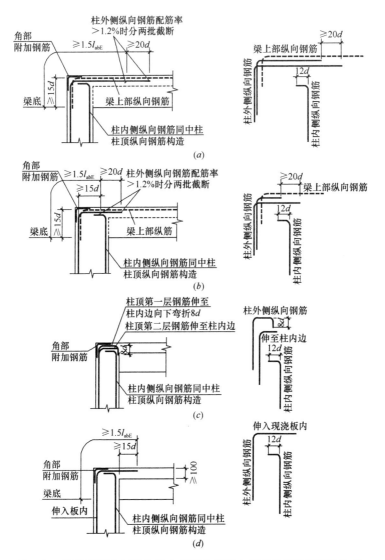

图 4-19　柱外侧纵向钢筋和梁上部纵向钢筋在节点外侧弯折搭接构造
（a）梁宽范围内钢筋［伸入梁内柱纵向钢筋做法（从梁底算起 $1.5l_{abE}$ 超过柱内侧边缘）］；（b）梁宽范围内钢筋［伸入梁内柱纵向钢筋做法（从梁底算起 $1.5l_{abE}$ 未超过柱内侧边缘）］；（c）梁宽范围外钢筋在节点内锚固；（d）梁宽范围外钢筋伸入现浇板内锚固（现浇板厚度不小于 100mm 时）

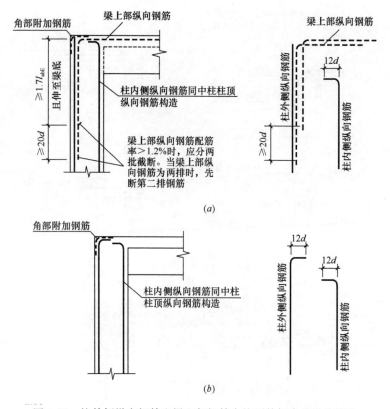

图 4-20 柱外侧纵向钢筋和梁上部钢筋在柱顶外侧直线搭接构造

（a）梁宽范围内钢筋；（b）梁宽范围外钢筋

图 4-21 梁宽范围内柱外侧纵向钢筋弯入梁内作梁筋构造

4.2 柱钢筋翻样

4.2.1 梁上起柱插筋翻样

梁上起柱插筋可分为三种构造形式：绑扎搭接、机械连接和焊接连接，如图 4-22 所示。

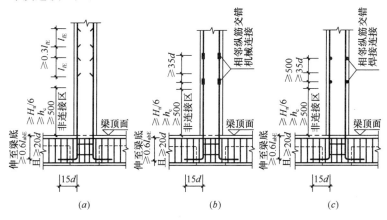

图 4-22 梁上起柱插筋构造

（a）绑扎搭接；（b）机械连接；（c）焊接连接

（1）绑扎搭接

梁上起柱长插筋长度＝梁高度－梁保护层厚度－Σ［梁底部
钢筋直径＋$\max(25, d)$］＋$15d$＋
$\max(H_n/6, 500, h_c)$＋$2.3l_{lE}$

梁上起柱短插筋长度＝梁高度－梁保护层厚度－Σ［梁底部
钢筋直径＋$\max(25, d)$］＋$15d$＋
$\max(H_n/6, 500, h_c)$＋l_{lE}

（2）机械连接

梁上起柱长插筋长度＝梁高度－梁保护层厚度－Σ［梁底部
钢筋直径＋$\max(25, d)$］＋$15d$＋
$\max(H_n/6, 500, h_c)$＋$35d$

梁上起柱短插筋长度＝梁高度－梁保护层厚度－Σ［梁底部
钢筋直径＋max(25, d)］＋15d＋
max($H_n/6$, 500, h_c)

（3）焊接连接

梁上起柱长插筋长度＝梁高度－梁保护层厚度－Σ［梁底部
钢筋直径＋max(25, d)］＋15d＋
max($H_n/6$, 500, h_c)＋max(35d,
500)

梁上起柱短插筋长度＝梁高度－梁保护层厚度－Σ［梁底部
钢筋直径＋max(25, d)］＋15d＋
max($H_n/6$, 500, h_c)

4.2.2 墙上起柱插筋翻样

墙上起柱插筋可分为三种构造形式：绑扎搭接、机械连接、焊接连接，如图4-23所示。

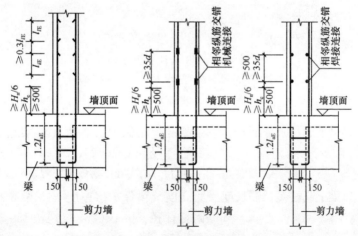

图4-23 墙上起柱插筋构造

（1）绑扎搭接

墙上起柱长插筋长度＝1.2l_{aE}＋max($H_n/6$, 500, h_c)＋2.3l_{lE}
＋弯折($h_c/2$－保护层厚度＋2.5d)

墙上起柱短插筋长度＝$1.2l_{aE}$＋max($H_n/6$，500，h_c)＋$2.3l_{lE}$
　　　　　　　　　　　　＋弯折($h_c/2$－保护层厚度＋$2.5d$)

（2）机械连接

墙上起柱长插筋长度＝$1.2l_{aE}$＋max($H_n/6$，500，h_c)＋$35d$
　　　　　　　　　　　＋弯折($h_c/2$－保护层厚度＋$2.5d$)

墙上起柱短插筋长度＝$1.2l_{aE}$＋max($H_n/6$，500，h_c)＋弯
　　　　　　　　　　　折($h_c/2$－保护层厚度＋$2.5d$)

（3）焊接连接

墙上起柱长插筋长度＝$1.2l_{aE}$＋max($H_n/6$，500，h_c)＋max
　　　　　　　　　　（$35d$，500)＋弯折($h_c/2$－保护层厚
　　　　　　　　　　度＋$2.5d$)

墙上起柱短插筋长度＝$1.2l_{aE}$＋max($H_n/6$，500，h_c)＋弯
　　　　　　　　　　　折($h_c/2$－保护层厚度＋$2.5d$)

4.2.3 顶层中柱钢筋翻样

1. 顶层弯锚

（1）绑扎搭接（图4-24）

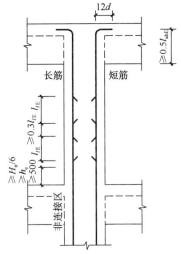

图4-24　顶层中间框架柱构造（绑扎搭接）

顶层中柱长筋长度＝顶层高度－保护层厚度－max（$2H_n$/6，500，h_c）＋12d

顶层中柱短筋长度＝顶层高度－保护层厚度－max（$2H_n$/6，500，h_c）－1.3l_{lE}＋12d

（2）机械连接（图 4-25）

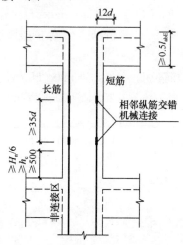

图 4-25 顶层中间框架柱构造（机械连接）

顶层中柱长筋长度＝顶层高度－保护层厚度－max（$2H_n$/6，500，h_c）＋12d

顶层中柱短筋长度＝顶层高度－保护层厚度－max（$2H_n$/6，500，h_c）－500＋12d

（3）焊接连接（图 4-26）

顶层中柱长筋长度＝顶层高度－保护层厚度－max（$2H_n$/6，500，h_c）＋12d

顶层中柱短筋长度＝顶层高度－保护层厚度－max（$2H_n$/6，500，h_c）－max（35d，500）＋12d

2. 顶层直锚

（1）绑扎搭接（图 4-27）

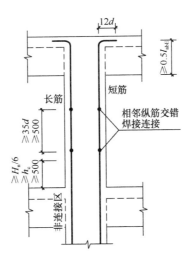

图 4-26 顶层中间框架柱构造（焊接连接）

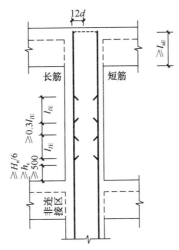

图 4-27 顶层中间框架柱构造（绑扎搭接）

顶层中柱长筋长度＝顶层高度－保护层厚度－$\max(2H_n/6，500，h_c)$

顶层中柱短筋长度＝顶层高度－保护层厚度－$\max(2H_n/6，500，h_c)-1.3l_{lE}$

（2）机械连接（图4-28）

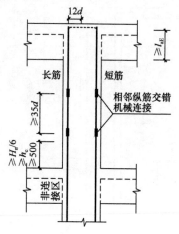

图 4-28 顶层中间框架柱构造（机械连接）

顶层中柱长筋长度＝顶层高度－保护层厚度－$\max(2H_n/6,~500,~h_c)$

顶层中柱短筋长度＝顶层高度－保护层厚度－$\max(2H_n/6,~500,~h_c)-500$

（3）焊接连接（图4-29）

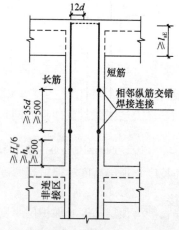

图 4-29 顶层中间框架柱构造（焊接连接）

$$顶层中柱长筋长度＝顶层高度－保护层厚度－\max(2H_n/6，500，h_c)$$

$$顶层中柱短筋长度＝顶层高度－保护层厚度－\max(2H_n/6，500，h_c)－\max(35d，500)$$

4.2.4 柱纵筋变化钢筋翻样

1. 上柱钢筋比下柱钢筋多 (图 4-30)

多出的钢筋需要插筋，其他钢筋同是中间层。

$$短插筋＝\max(H_n/6,500,h_c)+l_{lE}+1.2l_{aE}$$

$$长插筋＝\max(H_n/6,500,h_c)+2.3l_{lE}+1.2l_{aE}$$

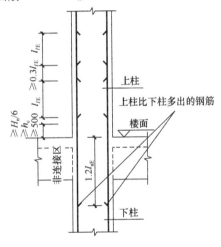

图 4-30 上柱钢筋比下柱钢筋多（绑扎搭接）

2. 下柱钢筋比上柱多（图 4-31）

下柱多出的钢筋在上层锚固，其他钢筋同是中间层。

$$短插筋＝下层层高－\max(H_n/6,500,h_c)－梁高+1.2l_{aE}$$

$$长插筋＝下层层高－\max(H_n/6,500,h_c)－1.3l_{lE}－梁高+1.2l_{aE}$$

3. 上柱钢筋直径比下柱钢筋直径大（图 4-32）

（1）绑扎搭接

$$下层柱纵筋长度＝下层第一层层高－\max(H_{n1}/6,500,h_c)+下柱第二层层高－梁高－\max(H_{n2}/6,500,h_c)－1.3l_{lE}$$

图 4-31 下柱钢筋比上柱钢筋多（绑扎搭接）

上柱纵筋插筋长度 $= 2.3l_{lE} + \max(H_{n2}/6, 500, h_c) + \max(H_{n3}/6, 500, h_c) + l_{lE}$

上层柱纵筋长度 $= l_{lE} + \max(H_{n4}/6, 500, h_c) +$ 本层层高 $+$ 梁高 $+ \max(H_{n2}/6, 500, h_c) + 2.3l_{lE}$

（2）机械连接

下层柱纵筋长度 $=$ 下层第一层层高 $- \max(H_{n1}/6, 500, h_c) +$ 下柱第二层层高 $-$ 梁高 $- \max(H_{n2}/6, 500, h_c)$

上柱纵筋插筋长度 $= \max(H_{n2}/6, 500, h_c) + \max(H_{n3}/6, 500, h_c) + 500$

上层柱纵筋长度 $= \max(H_{n4}/6, 500, h_c) + 500 +$ 本层层高 $+$ 梁高 $+ \max(H_{n2}/6, 500, h_c)$

（3）焊接连接

下层柱纵筋长度 $=$ 下层第一层层高 $- \max(H_{n1}/6, 500, h_c) +$ 下柱第二层层高 $-$ 梁高 $- \max(H_{n2}/6, 500, h_c)$

上柱纵筋插筋长度 $= \max(H_{n2}/6, 500, h_c) + \max(H_{n3}/6, 500, h_c) + \max(35d, 500)$

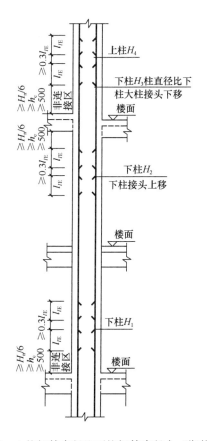

图 4-32 上柱钢筋直径比下柱钢筋直径大（绑扎搭接）

上层柱纵筋长度 $= \max(H_{n4}/6,500,h_c) + \max(35d,500) +$ 本
层层高 $+$ 梁高 $+ \max(H_{n2}/6,500,h_c)$

5 剪力墙平法识图与钢筋翻样

5.1 剪力墙钢筋的平法识图

5.1.1 剪力墙平面布置图

剪力墙平面布置图主要包含两部分：剪力墙平面布置图和剪力墙各类构造和节点构造详图。

1. 剪力墙构件

为表达清楚、简便，剪力墙可视为由剪力墙柱、剪力墙身和剪力墙梁三类构件构成。

剪力墙柱（简称墙柱）包含纵向钢筋和横向箍筋，其连接方式与柱相同。

剪力墙身（简称墙身）包含竖向钢筋、横向钢筋和拉筋。

剪力墙梁（简称墙梁）可分为剪力墙连梁、剪力墙暗梁和剪力墙边框梁三类，由纵向钢筋和横向箍筋组成，绑扎方式与梁基本相同。

2. 边缘构件

根据《建筑抗震设计规范》GB 50011—2010 及 2016 年局部修订的要求，剪力墙两端和洞口两侧应设置边缘构件。边缘构件包括：暗柱、端柱和翼墙。

对于剪力墙结构，底层墙肢底截面的轴压比不大于抗震规范要求的最大轴压比的一、二、三级剪力墙和四级抗震墙，墙肢两端可设置构造边缘构件。

对于剪力墙结构，底层墙肢底截面的轴压比大于抗震规范要求的最大轴压比的一、二、三级剪力墙，以及部分框支剪力墙结构的抗震墙，应在底部加强部位及相邻的上一层设置约束边缘构件，在以上的部位可设置构造边缘构件。

3. 两种表达方式

剪力墙平法施工图有两种表达方式：列表注写方式和截面注写方式。

列表注写方式，是指分别在剪力墙柱表、剪力墙身表和剪力墙梁表中，对应于剪力墙平面布置图上的编号，用绘制截面配筋图并注写几何尺寸与配筋具体数值的方式，来表达剪力墙平法施工图。

截面注写方式，是指在按标准层绘制的剪力墙平面布置图上，以直接在墙柱、墙梁、墙身上注写截面尺寸和配筋具体数值的方式来表达剪力墙平法施工图。

4. 剪力墙的定位

一般上轴线位于剪力墙中央。当轴线未居中布置时，应在剪力墙平面布置图上直接标注偏心尺寸。由于剪力墙暗柱与短肢剪力墙的宽度与剪力墙身同厚，因此，剪力墙偏心情况定位时，暗柱及小墙肢亦随之确定。

5.1.2 列表注写方式

1. 编号

将剪力墙按墙柱、墙身和墙梁三类构件分别编号。

（1）墙柱编号

墙柱编号由墙柱类型代号和序号组成，表达形式见表 5-1。

墙柱编号 表 5-1

墙柱类型	代号	序号
约束边缘构件	YBZ	××
构造边缘构件	GBZ	××
非边缘暗柱	AZ	××
扶壁柱	FBZ	××

注：构造边缘构件包括构造边缘暗柱、构造边缘端柱、构造边缘翼墙、构造边缘转角墙四种（图 5-1）。约束边缘构件包括约束边缘暗柱、约束边缘端柱、约束边缘翼墙、约束边缘转角墙四种（图 5-2）。

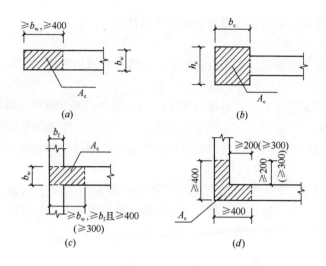

图 5-1 构造边缘构件（括号中数值用于高层建筑）

(a) 构造边缘暗柱；(b) 构造边缘端柱；

(c) 构造边缘翼墙；(d) 构造边缘转角墙

（2）墙身编号

墙身编号，由墙身代号（Q）、序号以及墙身所配置的水平与竖向分布钢筋的排数组成，其中排数注写在括号内。表达形式为：

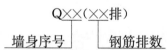

在编号中：如若干墙柱的截面尺寸与配筋均相同，仅截面与轴线的关系不同时，可将其编为同一墙柱号；又如，若干墙身的厚度尺寸和配筋均相同，仅墙厚与轴线的关系不同或墙身长度不同时，也可将其编为同一墙身号。但应在图中注明与轴线的几何关系。

当墙身所设置的水平与竖向分布钢筋的排数为 2 时，可不注。

对于分布钢筋网的排数规定：当剪力墙厚度不大于 400mm 时，应配置双排；当剪力墙厚度大于 400mm 但不大于 700mm

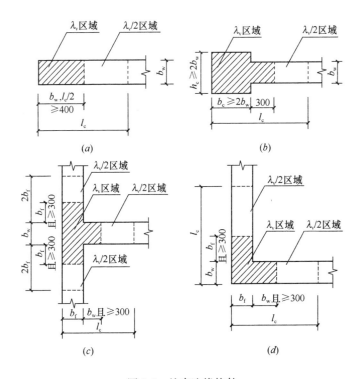

图 5-2 约束边缘构件

（a）约束边缘暗柱；（b）约束边缘端柱；

（c）约束边缘翼墙；（d）约束边缘转角墙

时，宜配置三排；当剪力墙厚度大于 700mm 时，宜配置四排，如图 5-3 所示。

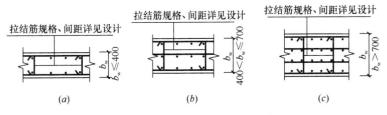

图 5-3 剪力墙身水平钢筋网排数

（a）剪力墙双排配筋；（b）剪力墙三排配筋；

（c）剪力墙四排配筋

当剪力墙配置的分布钢筋多于两排时，剪力墙拉筋除两端应同时勾住外排水平纵筋和竖向纵筋外，尚应与剪力墙内排水平纵筋和竖向纵筋绑扎在一起。

（3）墙梁编号

墙梁编号，由墙梁类型代号和序号组成，表达形式见表 5-2。

墙梁编号

表 5-2

墙梁类型	代号	序号
连梁	LL	××
连梁（跨高比不小于5）	LLk	××
连梁（对角暗撑配筋）	LL（JC）	××
连梁（对角斜筋配筋）	LL（JX）	××
连梁（集中对角斜筋配筋）	LL（DX）	××
暗梁	AL	××
边框梁	BKL	××

2. 墙柱表的内容

墙柱表中表达的内容包括：

（1）墙柱编号（见表 5-1）

绘制该墙柱的截面配筋图，标注墙柱几何尺寸。

1）构造边缘构件（见图 5-1），需注明阴影部分尺寸。

2）约束边缘构件（见图 5-2），需注明阴影部分尺寸。

3）扶壁柱及非边缘暗柱需标注几何尺寸。

（2）各段墙柱的起止标高

注写各段墙柱的起止标高，自墙柱根部往上以变截面位置或截面未变但配筋改变处为界分段注写。墙柱根部标高一般指基础顶面标高（部分框支剪力墙结构则为框支梁的顶面标高）。

（3）各段墙柱的纵向钢筋和箍筋

注写各段墙柱的纵向钢筋和箍筋，注写值应与在表中绘制的截面配筋图对应一致。纵向钢筋注总配筋值；墙柱箍筋的注写方式与柱箍筋相同。

剪力墙柱表识图，见图 5-4。

剪力墙柱表

截面	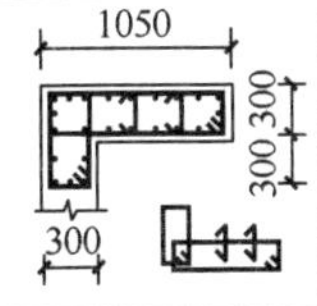 1050 300 300 300	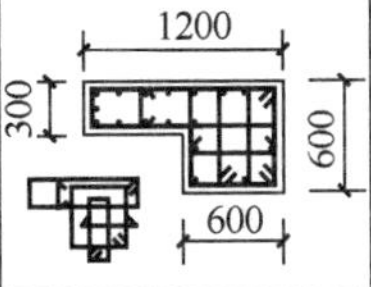 1200 300 600 600	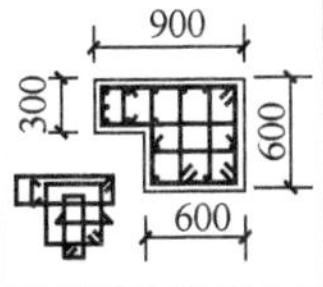 900 300 600 600	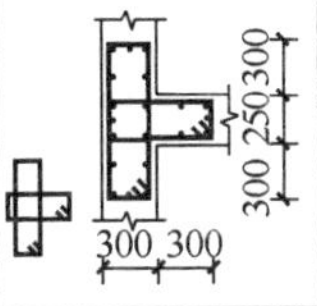 300 250 300 300 300 300
编号	YBZ1	YBZ2	YBZ3	YBZ4
标高	−0.030~12.270	−0.030~12.270	−0.030~12.270	−0.030~12.270
纵筋	24Φ20	22Φ20	18Φ22	20Φ20
箍筋	Φ10@100	Φ10@100	Φ10@100	Φ10@100
截面	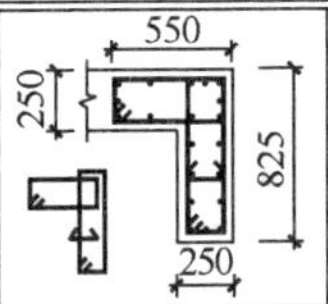 550 250 825 250	250 250 300 1400	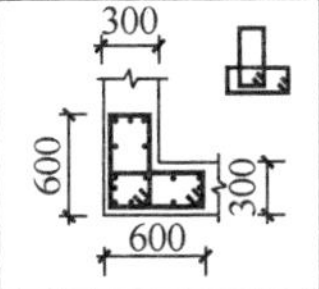 300 600 300 600	
编号	YBZ5	YBZ6		YBZ7
标高	−0.030~12.270	−0.030~12.270		−0.030~12.270
纵筋	20Φ20	28Φ20		16Φ20
箍筋	Φ10@100	Φ10@100		Φ10@100

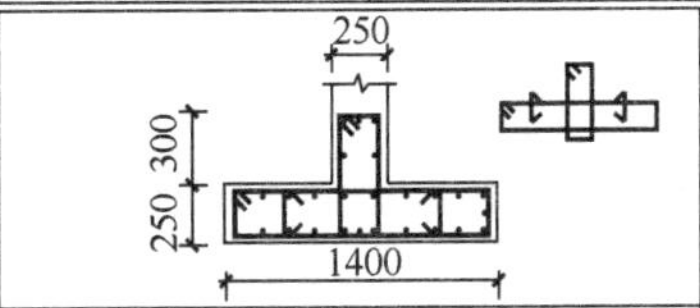

图 5-4 剪力墙柱表识图（部分）

3. 墙身表的内容

剪力墙身表包括以下内容：

（1）墙身编号

（2）各段墙身起止标高

注写各段墙身起止标高，自墙身根部往上以变截面位置或截面未变但配筋改变处为界分段注写。墙身根部标高一般指基础顶面标高（部分框支剪力墙结构则为框支梁的顶面标高）。

（3）配筋

注写水平分布钢筋、竖向分布钢筋和拉结筋的具体数值。注写数值为一排水平分布钢筋和竖向分布钢筋的规格与间距，具体设置几排已经在墙身编号后面表达。当内外排竖向分布钢筋配筋不一致时，应单独注写内、外排钢筋的具体数值。

拉结筋应注明布置方式"矩形"或"梅花"布置，用于剪力墙分布钢筋的拉结，见图 5-5（图中，a 为竖向分布钢筋间距，b 为水平分布钢筋间距）。

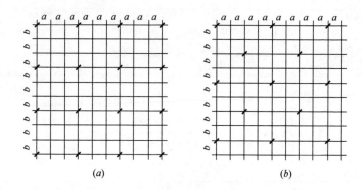

(*a*)　　　　　　　　　　　　(*b*)

图 5-5　拉结筋设置示意

（*a*）拉结筋@3*a*@ 3*b* 矩形（$a \leqslant 200$、$b \leqslant 200$）；（*b*）拉结筋@4*a*@ 4*b* 梅花（$a \leqslant 150$、$b \leqslant 150$）

剪力墙身表识图，见图 5-6。

剪力墙身表

编号	标　　高	墙　厚	水平分布筋	垂直分布筋	拉筋（矩形）
Q1	−0.030~30.270	300	Φ12@200	Φ12@200	Φ6@600@600
	30.270~59.070	250	Φ10@200	Φ10@200	Φ6@600@600
Q2	−0.030~30.270	250	Φ10@200	Φ10@200	Φ6@600@600
	30.270~59.070	200	Φ10@200	Φ10@200	Φ6@600@600

图 5-6　剪力墙身表识图

4. 墙身梁的内容

1）墙梁编号。墙梁编号见表 5-2。

2）墙梁所在楼层号。

3）墙梁顶面标高高差。墙梁顶面标高高差，系指相对于墙梁所在结构层楼面标高的高差值。高于者为正值，低于者为负值，当无高差时不注。

4）截面尺寸。墙梁截面尺寸 $b \times h$，上部纵筋、下部纵筋和箍筋的具体数值。

5）当连梁设有对角暗撑时[代号为 LL(JC)××]，注写暗撑的截面尺寸（箍筋外皮尺寸）；注写一根暗撑的全部纵筋，并标注"×2"表明有两根暗撑相互交叉；注写暗撑箍筋的具体数值。

6）当连梁设有交叉斜筋时[代号为 LL(JX)××]，注写连梁一侧对角斜筋的配筋值，并标注"×2"表明对称设置；注写对角斜筋在连梁端部设置的拉筋根数、强度级别及直径，并标注"×4"表示四个角都设置；注写连梁一侧折线筋配筋值，并标注"×2"表明对称设置。

7）当连梁设有集中对角斜筋时[代号为 LL(DX)××]，注写一条对角线上的对角斜筋，并标注"×2"表明对称设置。

8）跨高比不小于5的连梁，按框架梁设计时（代号为 LLk××），采用平面注写方式，注写规则同框架梁，可采用适当比例单独绘制，也可与剪力墙平法施工图合并绘制。

9）当设置双连梁、多连梁时，应分别表达在剪力墙平法施工图上。

墙梁侧面纵筋的配置，当墙身水平分布钢筋满足连梁和暗梁侧面纵向构造钢筋的要求时，该筋配置同墙身水平分布钢筋，表中不注，施工按标准构造详图的要求即可。

当墙身水平分布钢筋不满足连梁侧面纵向构造钢筋的要求时，应在表中补充注明设置的梁侧面纵筋的具体数值，纵筋沿梁高方向均匀布置；当采用平面注写方式时，梁侧面纵筋以大写字母"N"打头。

梁侧面纵向钢筋在支座内锚固要求同连梁中受力钢筋。

5.1.3 截面注写方式

选用适当比例原位放大绘制剪力墙平面布置图，其中对墙柱绘制配筋截面图；对所有墙柱、墙身、墙梁进行编号，并分别在相同编号的墙柱、墙身、墙梁中选择一根墙柱、一道墙身、一根墙梁进行注写，其注写方式如下：

1) 从相同编号的墙柱中选择一个截面，原位绘制墙柱截面配筋图，注明几何尺寸，并在各配筋图上继其编号后标注全部纵筋及箍筋的具体数值。

注：1. 约束边缘构件（见图 5-2）除需注明阴影部分具体尺寸外，尚需注明约束边缘构件沿墙肢长度 l_c。

2. 配筋图中需注明约束边缘构件非阴影区内布置的拉筋或箍筋直径，与阴影区箍筋直径相同时，可不注。

2) 从相同编号的墙身中选择一道墙身，按顺序引注的内容为：墙身编号（应包括注写在括号内墙身所配置的水平与竖向分布钢筋的排数）、墙厚尺寸、水平分布钢筋、竖向分布钢筋和拉筋的具体数值。

3) 从相同编号的墙梁中选择一根墙梁，采用平面注写方式，按顺序引注的内容为：

① 注写墙梁编号、墙梁所在层及截面尺寸 $b \times h$、墙梁箍筋、上部纵筋、下部纵筋和墙梁顶面标高高差的具体数值。

② 当连梁设有对角暗撑时[代号为 LL(JC)××]，注写暗撑的截面尺寸（箍筋外皮尺寸）；注写一根暗撑的全部纵筋，并标注"×2"表明有两根暗撑相互交叉；注写暗撑箍筋的具体数值。

③ 当连梁设有交叉斜筋时［代号为 LL（JX）××］，注写连梁一侧对角斜筋的配筋值，并标注"×2"表明对称设置；注写对角斜筋在连梁端部设置的拉筋根数、强度级别及直径，并标注"×4"表示四个角都设置；注写连梁一侧折线筋配筋值，并标注"×2"表明对称设置。

④ 当连梁设有集中对角斜筋时［代号为 LL（DX）××］，

注写一条对角线上的对角斜筋，并标注"×2"表明对称设置。

⑤ 跨高比不小于 5 的连梁，按框架梁设计时（代号为 LLk ××），采用平面注写方式，注写规则同框架梁，可采用适当比例单独绘制，也可与剪力墙平法施工图合并绘制。

当墙身水平分布钢筋不能满足连梁的侧面纵向构造钢筋的要求时，应补充注明梁侧面纵筋的具体数值；注写时，以大写字母"N"打头，接续注写梁侧面纵筋的总根数与直径。其在支座内的锚固要求同连梁中受力钢筋。

5.1.4 剪力墙洞口的表示方法

无论采用列表注写方式还是截面注写方式，剪力墙上的洞口均可在剪力墙平面布置图上原位表达。

洞口的具体表示方法：

1. 在剪力墙平面布置图上绘制

在剪力墙平面布置图上绘制洞口示意，并标注洞口中心的平面定位尺寸。

2. 在洞口中心位置引注

（1）洞口编号

矩形洞口为 JD×× （×× 为序号），圆形洞口为 YD×× （×× 为序号）。

（2）洞口几何尺寸

矩形洞口为洞宽×洞高（$b×h$），圆形洞口为洞口直径 D。

（3）洞口所在层及洞口中心相对标高

洞口所在层及洞口中心相对标高，相对标高指相对于本结构层楼（地）面标高的洞口中心高度，应为正值。

（4）洞口每边补强钢筋

1）当矩形洞口的洞宽、洞高均不大于 800mm 时，此项注写为洞口每边补强钢筋的具体数值。当洞宽、洞高方向补强钢筋不一致时，分别注写沿洞宽方向、洞高方向补强钢筋，以"/"分隔。

2）当矩形或圆形洞口的洞宽或直径大于 800mm 时，在洞口的上、下需设置补强暗梁，此项注写为洞口上、下每边暗梁的纵筋与箍筋的具体数值（在标准构造详图中，补强暗梁梁高一律定为400mm，施工时按标准构造详图取值，设计不注。当设计者采用与该构造详图不同的做法时，应另行注明），圆形洞口时尚需注明环向加强钢筋的具体数值；当洞口上、下边为剪力墙连梁时，此项免注；洞口竖向两侧设置边缘构件时，亦不在此项表达（当洞口两侧不设置边缘构件时，设计者应给出具体做法）。

3）当圆形洞口设置在连梁中部 1/3 范围（且圆洞直径不应大于 1/3 梁高）时，需注写在圆洞上下水平设置的每边补强纵筋与箍筋。

4）当圆形洞口设置在墙身位置，且洞口直径不大于 300mm 时，此项注写为洞口上下左右每边布置的补强纵筋的具体数值。

5）当圆形洞口直径大于 300mm，但不大于 800mm 时，此项注写为洞口上下左右每边布置的补强纵筋的具体数值，以及环向加强钢筋的具体数值。

5.1.5 地下室外墙表示方法

本节地下室外墙仅适用于起挡土作用的地下室外围护墙。地下室外墙中墙柱、连梁及洞口等的表示方法同地上剪力墙。

地下室外墙编号，由墙身代号、序号组成。表达为：

$$DWQ\times\times$$

地下室外墙平面注写方式，包括集中标注墙体编号、厚度、贯通钢筋、拉结筋等和原位标注附加非贯通钢筋等两部分内容。当仅设置贯通钢筋，未设置附加非贯通钢筋时，则仅做集中标注。

1. 集中标注

集中标注的内容包括：

1）地下室外墙编号，包括代号、序号、墙身长度（注为××～××轴）。

2）地下室外墙厚度 $b_w = \times\times\times$。

3）地下室外墙的外侧、内侧贯通钢筋和拉结筋。

① 以 OS 代表外墙外侧贯通钢筋。其中，外侧水平贯通钢

筋以 H 打头注写，外侧竖向贯通钢筋以 V 打头注写。

② 以 IS 代表外墙内侧贯通钢筋。其中，内侧水平贯通钢筋以 H 打头注写，内侧竖向贯通钢筋以 V 打头注写。

③ 以 tb 打头注写拉结筋直径、钢筋种类及间距，并注明"矩形"或"梅花"。

2. 原位标注

地下室外墙的原位标注，主要表示在外墙外侧配置的水平非贯通钢筋或竖向非贯通钢筋。

当配置水平非贯通钢筋时，在地下室墙体平面图上原位标注。在地下室外墙外侧绘制粗实线段代表水平非贯通钢筋，在其上注写钢筋编号并以 H 打头注写钢筋种类、直径、分布间距，以及自支座中线向两边跨内的伸出长度值。当自支座中线向两侧对称伸出时，可仅在单侧标注跨内伸出长度，另一侧不注。此种情况下，非贯通钢筋总长度为标注长度的 2 倍。边支座处非贯通钢筋的伸出长度值从支座外边缘算起。

地下室外墙外侧非贯通钢筋通常采用"隔一布一"方式与集中标注的贯通钢筋间隔布置，其标注间距应与贯通钢筋相同，两者组合后的实际分布间距为各自标注间距的 1/2。

当在地下室外墙外侧底部、顶部、中层楼板位置配置竖向非贯通钢筋时，应补充绘制地下室外墙竖向剖面图并在其上原位标注。表示方法为在地下室外墙竖向剖面图外侧绘制粗实线段代表竖向非贯通钢筋，在其上注写钢筋编号并以 V 打头注写钢筋种类、直径、分布间距，以及向上（下）层的伸出长度值，并在外墙竖向剖面图名下注明分布范围（××～××轴）。

地下室外墙外侧水平、竖向非贯钢通筋配置相同者，可仅选择一处注写，其他可仅注写编号。

当在地下室外墙顶部设置水平通长加强钢筋时应注明。

5.1.6 剪力墙标准构造详图

1. 剪力墙插筋在基础中的锚固

墙身竖向分布钢筋在基础中的构造要求（图 5-7）：

（1）图中，h_j 为基础底面至基础顶面的高度，墙下有基础梁时，h_j 为梁底面至顶面的高度。

（2）锚固区横向钢筋应满足直径≥$d/4$（d 为纵筋最大直径），间距≤$10d$（d 为纵筋最小直径）且≤100mm 的要求。

（3）当墙身竖向分布钢筋在基础保护层厚度不一致（如分布筋部分位于梁中，部分位于板内），保护层厚度不大于 $5d$ 的部分应设置锚固区横向钢筋。

2. 水平分布钢筋在剪力墙身中的构造

剪力墙水平分布钢筋交错搭接，见图 5-8。

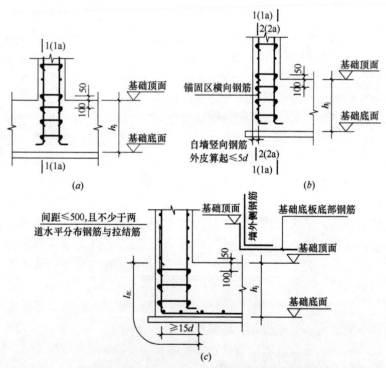

图 5-7 剪力墙墙身竖向分布钢筋在基础中构造

（a）保护层厚度>$5d$；（b）保护层厚度≤$5d$；（c）搭接连接

116

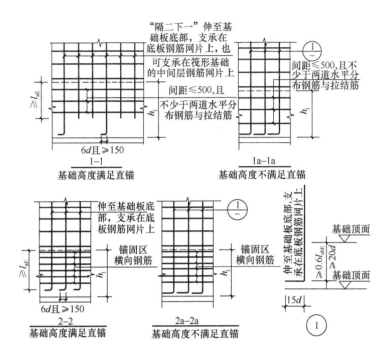

图 5-7 剪力墙墙身竖向分布钢筋在基础中构造（续）

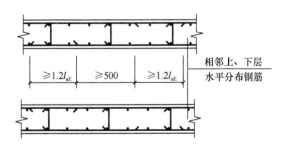

图 5-8 剪力墙水平分布钢筋交错搭接

剪力墙水平分布钢筋的搭接构造要求：

剪力墙水平分布筋交错连接时，上下相邻的墙身水平分布筋交错搭接连接，搭接长度≥1.2l_{aE}，搭接范围交错≥500mm。

3. 水平分布筋在暗柱中的构造

（1）端部有暗柱

端部有暗柱时剪力墙水平钢筋端部构造，见图 5-9。

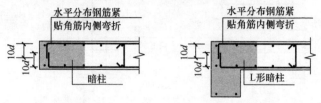

图 5-9　有暗柱时水平分布钢筋锚固构造

端部有暗柱时剪力墙水平钢筋构造要求：

剪力墙的水平分布筋从暗柱（L 形暗柱）纵筋的外侧插入暗柱（L 形暗柱），伸到暗柱（L 形暗柱）端部纵筋的内侧，然后弯折 $10d$。

（2）剪力墙水平分布钢筋在翼墙中的构造

剪力墙水平分布钢筋在翼墙中的构造，见图 5-10。

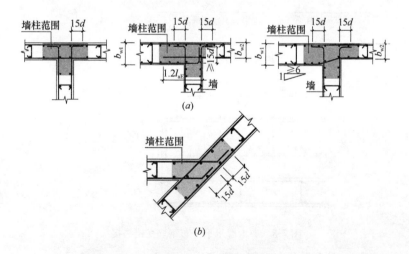

图 5-10　剪力墙水平分布钢筋在翼墙中的构造

（a）翼墙；（b）斜交翼墙

118

剪力墙水平分布钢筋在翼墙中的构造要求：

1）翼墙。端墙两侧水平分布筋伸至翼墙对边后弯折 $15d$。

2）斜交翼墙。墙身水平筋在斜交处锚固 $15d$。

（3）墙身水平筋在转角墙中、柱中的构造

墙身水平筋在转角墙中、柱中的构造共有三种情况，见图 5-11。

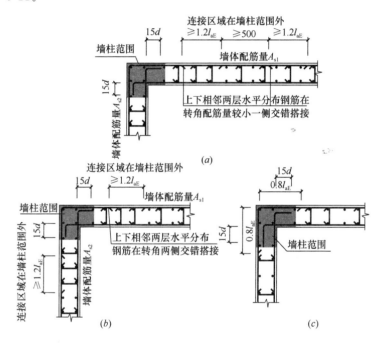

图 5-11　墙身水平分布钢筋在转角墙中、柱中的构造

4. 水平钢筋在端柱中的构造

（1）在直墙端柱中的构造

剪力墙水平钢筋在直墙端柱中的构造，见图 5-12。

剪力墙水平钢筋在直墙端柱中的构造要求：

剪力墙水平钢筋伸至端柱对边，并且保证直锚长度 $\geqslant 0.6l_{abE}$，然后弯折 $15d$。

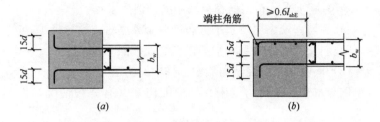

图 5-12　剪力墙水平分布钢筋在直墙端柱中的构造

剪力墙水平钢筋伸至对边≥l_{aE}时，可不设弯钩。

（2）在翼墙端柱中的构造

剪力墙水平分布钢筋在翼墙端柱中的构造有三种情况，见图5-13。

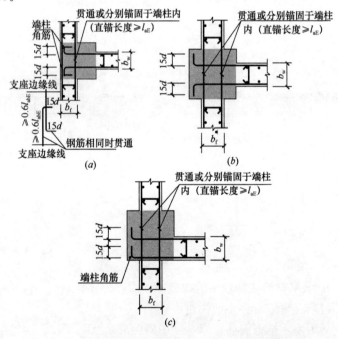

图 5-13　剪力墙水平分布钢筋在翼墙端柱中的构造

剪力墙水平钢筋在翼墙端柱中的构造要求：

120

剪力墙水平钢筋伸至端柱对边，并且保证直锚长度
$\geqslant 0.4l_{aE}$，然后弯折 $15d$。剪力墙水平钢筋伸至对边$\geqslant l_{aE}$ 时，可
不设弯钩。

（3）在转角墙端柱中的构造

剪力墙水平钢筋在转角墙端柱中的构造有三种情况，见图 5-14。

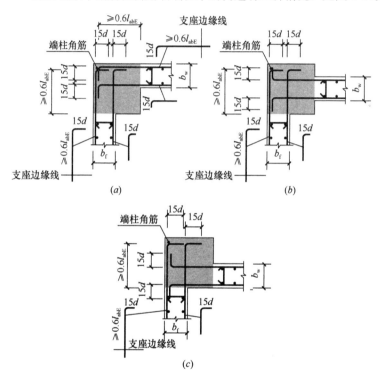

图 5-14　剪力墙水平分布钢筋在转角墙端柱中的构造

剪力墙内侧水平钢筋伸至端柱对边，并且保证直锚长度
$\geqslant 0.6l_{abE}$，然后弯折 $15d$。

剪力墙水平钢筋伸至对边$\geqslant l_{aE}$ 时，可不设弯钩。

5. 竖向分布筋在剪力墙中构造

在剪力墙中，竖向分布筋布置可分为双排、三排、四排配筋
三种情况，见图 5-15。

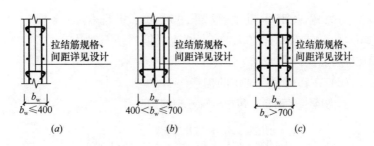

图 5-15　竖向分布筋在剪力墙中构造

(a) 剪力墙双排配筋；(b) 剪力墙三排配筋；(c) 剪力墙四排配筋

剪力墙布置多排配筋的条件为：

1) 当 b_w（墙厚度）≤400mm 时，设置双排配筋；

2) 当 400mm<b_w（墙厚度）≤700mm 时，设置三排配筋；

3) 当 b_w（墙厚度）>700mm 时，设置四排配筋。

下面讲述一下对构造图的理解：

在暗柱内部(指暗柱配箍区)不设置剪力墙竖向分布钢筋。第一根竖向分布钢筋距暗柱主筋中心 1/2 竖向分布钢筋间距的位置绑扎。

6. 剪力墙竖向钢筋顶部构造

剪力墙竖向钢筋顶部构造包括三种情况，见图 5-16。

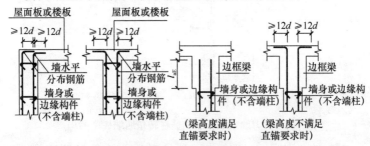

图 5-16　剪力墙竖向钢筋顶部构造

剪力墙竖向钢筋顶部构造要求：

竖向分布筋伸至剪力墙顶部后弯折，弯折长度为 12d；当一侧剪力墙有楼板时，墙柱钢筋均向楼板内弯折；当剪力墙两侧均有楼板时，竖向钢筋可分别向两侧楼板内弯折。而当剪力墙竖向钢筋在边框梁中锚固时，构造特点为：直锚 l_{aE}。

7. 剪力墙变截面处竖向钢筋构造

剪力墙变截面处竖向钢筋构造，见图 5-17。

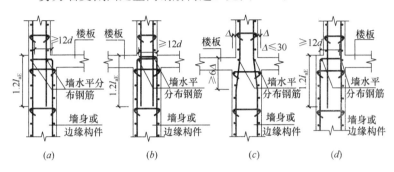

图 5-17　剪力墙变截面竖向钢筋构造

剪力墙变截面处竖向钢筋构造要求：

图 5-17(a)、图 5-17(d) 是边墙的竖向钢筋变截面构造，其做法是边墙内侧的竖向钢筋伸到楼板顶部然后弯折到对边切断，上一层的墙柱和墙身竖向钢筋插入到前楼层 $1.2l_{aE}$。

图 5-17 (b)、图 5-17 (c) 是中墙的竖向钢筋变截面构造。其中，图 5-17 (b) 的做法为到前楼层的墙柱和墙身的竖向钢筋伸到楼板顶部以下然后弯折到对边切断，上一层的墙柱和墙身竖向钢筋插入到前楼层 $1.2l_{aE}$；图 5-17 (c) 的做法是到前楼层的墙柱和墙身的竖向钢筋不切断，而是以 1/6 钢筋斜率的方式弯曲伸到上一楼层。

8. 剪力墙竖向分布钢筋连接构造

剪力墙竖向分布钢筋连接构造可分为四种情况，见图 5-18。

剪力墙竖向分布钢筋连接构造要求：

图 5-18 (a) 为一、二级抗震等级剪力墙竖向分布钢筋的搭接构造：搭接长度为 $1.2l_{aE}$，相邻搭接点错开净距离为500mm。

图 5-18 (b) 为各级抗震等级剪力墙竖向分布钢筋的机械连接构造：第一个连接点距楼板顶面或基础顶面为≥500mm，相邻钢筋交错连接，错开距离为 $35d$。

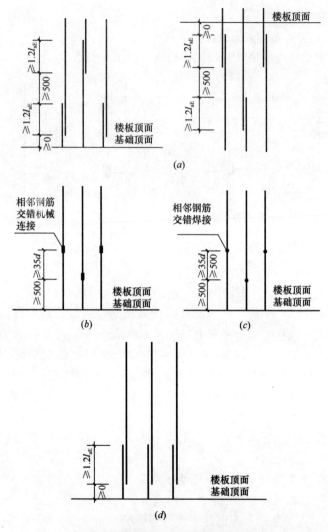

图 5-18　剪力墙竖向分布钢筋连接构造

图 5-18（c）为各级抗震等级剪力墙竖向分布钢筋的焊接连接构造：第一个连接点距楼板顶面或基础顶面为≥500mm，相邻钢筋交错连接，错开距离为 max(500，35d)。

图 5-18（d）为一、二级抗震等级剪力墙非底部加强部位或

三、四级抗震等级剪力墙竖向分布钢筋的搭接构造：在同一部位搭接，搭接长度为 $1.2l_{aE}$。

边缘构件可划分为约束边缘构件和构造边缘构件两大类，下面介绍构造边缘构件和约束边缘构件的钢筋构造。

9. 构造边缘构件 GBZ

构造边缘构件 GBZ 的钢筋构造，见图 5-19。

（1）构造边缘暗柱（图 5-19a）

构造边缘暗柱的长度≥墙厚且≥400mm。

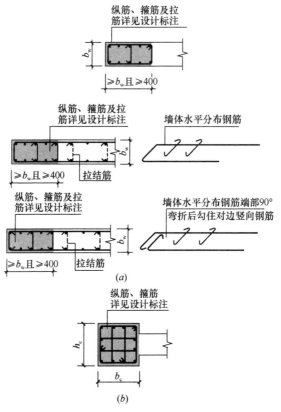

图 5-19　剪力墙构造边缘构件

（a）构造边缘暗柱；（b）构造边缘端柱；

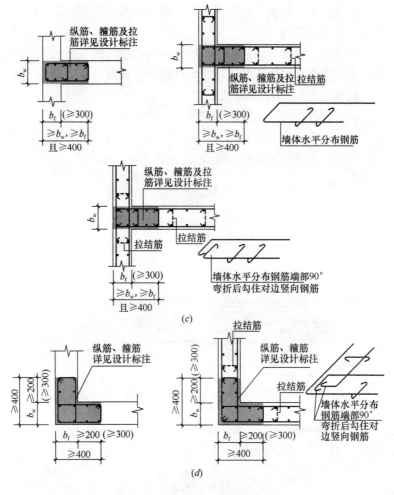

图 5-19 剪力墙构造边缘构件（续）

（c）构造边缘翼墙；（d）构造边缘转角墙（括号内数字用于高层建筑）

（2）构造边缘端柱（图 5-19b）

构造边缘端柱仅在矩形柱范围内布置纵筋和箍筋，其箍筋布置为复合箍筋。

（3）构造边缘翼墙（图 5-19c）

构造边缘翼墙的长度≥墙厚、≥邻边墙厚且≥400mm。

（4）构造边缘转角墙（图5-19d）

构造边缘转角墙每边长度＝邻边墙厚＋200mm≥400mm。

10. 约束边缘构件

约束边缘构件YBZ的钢筋构造，见图5-20。

（1）约束边缘暗柱（图5-20a）

约束边缘暗柱的长度≥400mm。

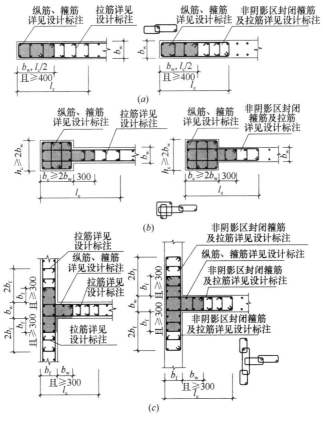

图 5-20　约束边缘构件

（a）约束边缘暗柱；（b）约束边缘端柱；

（c）约束边缘翼墙；

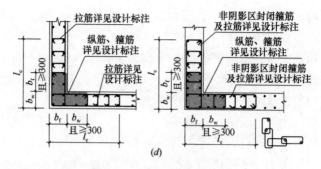

图 5-20 约束边缘构件（续）

(d) 约束边缘转角墙

（2）约束边缘端柱（图 5-20b）

约束边缘端柱包括矩形柱和伸出的一段翼缘两个部分，在矩形柱范围内，布置纵筋和箍筋，翼缘长度为 300mm。

（3）约束边缘翼墙（图 5-20c）

约束边缘翼墙≥墙厚且≥300mm。

（4）约束边缘转角墙（图 5-20d）

约束边缘转角墙每边长度＝邻边墙厚＋墙厚≥300mm。

11. 剪力墙边缘构件纵向钢筋构造

剪力墙边缘构件纵向钢筋的构造，见图 5-21。

采用绑扎搭接时，相邻钢筋交错搭接，搭接长度为 l_{lE}，错

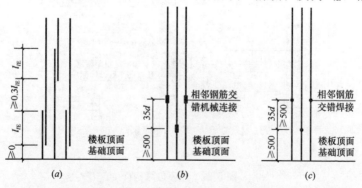

图 5-21 剪力墙边缘构件纵向钢筋构造

(a) 绑扎搭接；(b) 机械连接；(c) 焊接

开距离为 $0.3l_{lE}$;

采用机械连接时，第一个连接点距楼板顶面或基础顶面≥500mm，相邻钢筋交错连接，错开距离为 $35d$;

采用焊接连接时，第一个连接点距楼板顶面或基础顶面≥500mm，相邻钢筋交错连接，错开距离为 max（$35d$，500）。

12. 连梁配筋构造

连梁配筋构造共分为三种情况，见图 5-22。

关于连梁的配筋构造的理解：

1）连梁以暗柱或端柱为支座，连梁主筋锚固起点应从暗柱或端柱的边缘算起。

2）连梁纵筋锚入暗柱或端柱的锚固方式和锚固长度：

① 小墙垛洞口连梁（端部墙肢较短）。当端部洞口连梁的纵向钢筋在端支座（暗柱或端柱）的直锚长度≥l_{aE}时，可不必向上（下）弯锚。连梁纵筋在中间支座的直锚长度为 l_{aE}，且≥600mm；当暗柱或端柱的长度小于钢筋的锚固长度时，连梁纵筋伸至暗柱或端柱。

② 单洞口连梁（单跨）。连梁纵筋在洞口两端支座的直锚长度为 l_{aE}，且≥600mm。

③ 双洞口连梁（双跨）。连梁纵筋在双洞口两端支座的直锚长度为 l_{aE}，且≥600mm，洞口之间连梁通长设置。

3）连梁箍筋的设置

① 楼层连梁。楼层连梁的箍筋紧张洞口范围内布置。第一个箍筋在距支座边缘 50mm 处设置。

② 墙顶连梁。墙顶连梁的箍筋在全梁范围内布置。洞口范围内的第一个箍筋在距支座边缘 50mm 处设置；支座范围内的第一个箍筋在距支座边缘 100mm 处设置。

③ 箍筋计算。

$$连梁箍筋高度＝梁高－2×保护层－2×箍筋直径$$
$$连梁箍筋宽度＝梁宽－2×保护层－2×水平分布筋直径－2×$$
$$箍筋直径$$

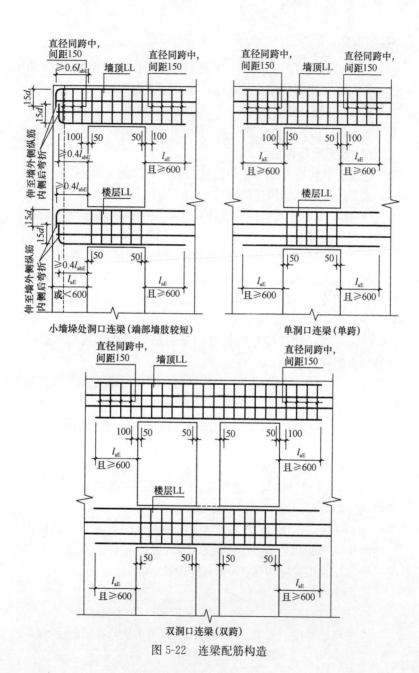

图 5-22 连梁配筋构造

130

4）连梁的拉筋。拉筋直径：当梁宽≤350mm 时为 6mm，梁宽＞350mm 时为 8mm，拉筋间距为 2 倍的箍筋间距，当设有多排拉筋时，上下两排拉筋竖向错开设置，见图 5-23。

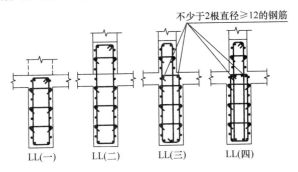

LL(一)　　LL(二)　　LL(三)　　LL(四)

图 5-23　连梁侧面纵筋和拉筋构造

13. 剪力墙边框梁或暗梁与连梁重叠时钢筋构造

剪力墙暗梁的钢筋种类包括：纵向钢筋、箍筋、拉筋、暗梁侧面的水平分布筋。

剪力墙边框梁的钢筋种类包括：纵向钢筋、箍筋、拉筋、边框梁侧面的水平分布筋。

（1）暗梁和边框梁侧面纵筋和拉筋构造

暗梁和边框梁侧面纵筋和拉筋构造，见图 5-24。

（2）边框梁或暗梁与连梁重叠时顶层配筋构造

顶层边框梁或暗梁与连梁重叠时配筋构造，见图 5-25。

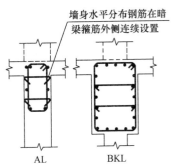

AL　　　BKL

图 5-24　暗梁和边框梁侧面纵筋和拉筋构造

楼层边框梁或暗梁与连梁重叠时配筋构造，见图 5-26。

由配筋构造图可以看出：当边框梁或暗梁与连梁重叠时，连梁纵筋伸入支座 l_{aE}，且≥600mm。

131

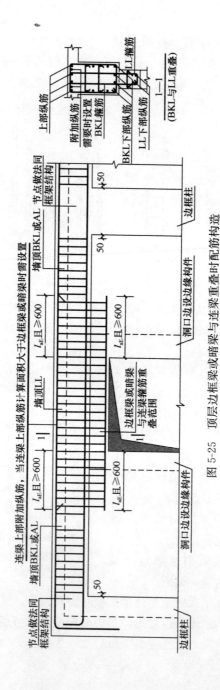

图 5-25 顶层边框梁或暗梁与连梁重叠时配筋构造

132

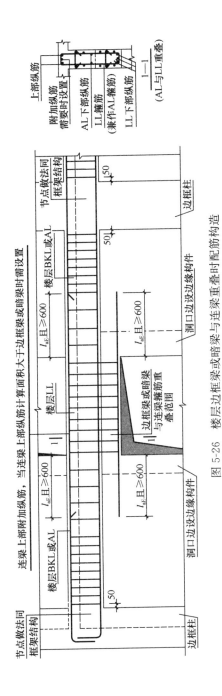

图 5-26 楼层边框梁或暗梁与连梁重叠时配筋构造

133

14. 连梁交叉斜筋构造、连梁集中对角斜筋、连梁对角暗撑配筋

（1）连梁交叉斜筋配筋

连梁交叉斜筋配筋构造，见图 5-27。

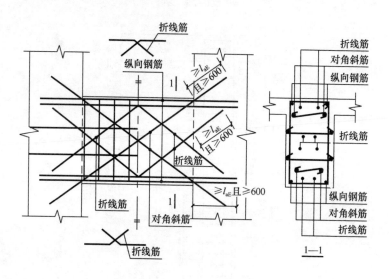

图 5-27　连梁交叉斜筋配筋构造

（2）连梁集中对角斜筋

连梁集中对角斜筋构造，见图 5-28。

（3）连梁对角暗撑配筋

连梁对角暗撑配筋构造，见图 5-29。

构造要求：

1）当洞口连梁截面宽度不小于 250mm 时，可采用交叉斜筋配筋；当连梁截面宽度不小于 400mm 时，可采用集中对角斜筋配筋或对角暗撑配筋。

2）集中对角斜筋配筋连梁应在梁截面内沿水平方向及竖直方向设置双向拉筋，拉筋应勾住外侧纵向钢筋，间距不应大于 200mm，直径不应小于 8mm。

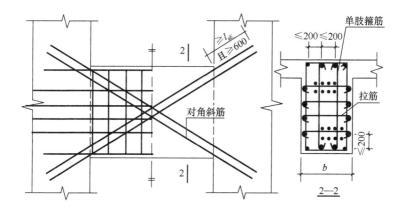

图 5-28　连梁集中对角斜筋配筋构造

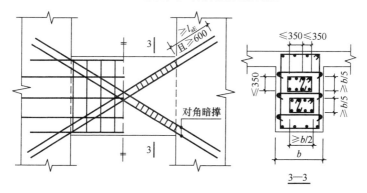

图 5-29　连梁对角暗撑配筋构造

3）对角暗撑配筋连梁中暗撑箍筋的外缘沿梁截面宽度方向不宜小于梁宽的 1/2，另一方向不宜小于梁宽的 1/5；对角暗撑约束箍筋肢距不应大于 350mm。

4）交叉斜筋配筋连梁、对角暗撑配筋连梁的水平钢筋及箍筋形成的钢筋网之间应采用拉筋拉结，拉筋直径不宜小于 6mm，间距不宜大于 400mm。

15. 剪力墙连梁 LLk 纵向钢筋、箍筋加密区构造

剪力墙连梁 LLk 纵向配筋构造如图 5-30 所示，箍筋加密区构造如图 5-31 所示。

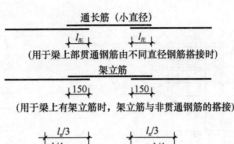

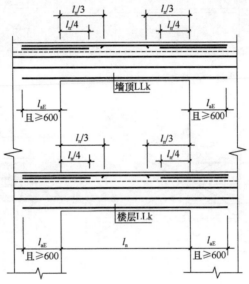

图 5-30 剪力墙连梁 LLk 纵向配筋构造

构造要求:

(1) 箍筋加密范围

一级抗震等级: 加密区长度为 max ($2h_b$, 500);

二至四级抗震等级: 加密区长度为 max ($1.5h_b$, 500)。其中, h_b 为梁截面高度。

(2) 梁上部通长钢筋与非贯通钢筋直径相同时, 连接位置宜位于跨中 $l_n/3$ 范围内; 梁下部钢筋连接位置宜位于支座 $l_n/3$ 范

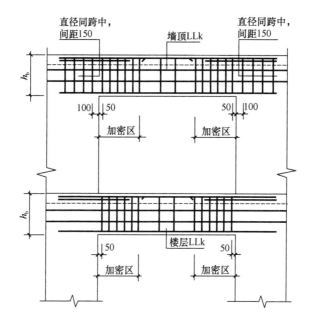

图 5-31 剪力墙连梁 LLk 箍筋加密区构造

围内；且在同一连接区段内钢筋接头面积百分率不宜大于50%。

（3）当梁纵筋（不包括架立筋）采用绑扎搭接接长时，搭接区内箍筋直径及间距见图5-32。

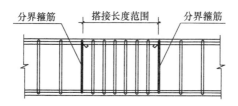

图 5-32 纵向受力钢筋搭接接头区箍筋构造

5.2 剪力墙钢筋翻样

5.2.1 剪力墙身钢筋翻样

1. 基础剪力墙身钢筋计算

（1）插筋翻样

短剪力墙身插筋长度＝锚固长度＋搭接长度 $1.2l_{aE}$

长剪力墙身插筋长度＝锚固长度＋搭接长度 $1.2l_{aE}$＋500＋

$$搭接长度 1.2l_{aE}$$

$$插筋总根数＝\left[\frac{剪力墙身净长－2×插筋间距}{插筋间距}＋1\right]×排数$$

（2）基础层剪力墙身水平筋翻样

剪力墙身水平钢筋包括水平分布筋和拉筋。

剪力墙水平分布筋有外侧钢筋和内侧钢筋两种形式，当剪力墙有两排以上钢筋网时，最外一层按外侧钢筋计算，其余则均按内侧钢筋计算。

1）水平分布筋翻样

外侧水平筋长度＝墙外侧长度－2×保护层＋15d×n

内侧水平筋长度＝墙外侧长度－2×保护层＋15d×2－外侧

$$钢筋直径 d×2－25×2$$

$$基本层水平筋根数＝\left[\frac{基础高度－基础保护层}{500}＋1\right]×排数$$

2）拉筋翻样

$$基础层拉筋根数＝\left[\frac{墙净长－竖向插筋间距×2}{拉筋间距}＋1\right]×$$

$$基础水平筋排数$$

2. 中间层剪力墙身钢筋翻样

中间层剪力墙身钢筋有竖向分布筋与水平分布筋。

（1）竖向分布筋翻样

长度＝中间层层高＋1.2l_{aE}

138

$$根数=\left(\dfrac{剪力墙身长-2\times竖向分布筋间距}{竖向分布筋间距}+1\right)\times排数$$

（2）水平分布筋翻样

水平分布筋翻样，无洞口时计算方法与基础层相同；有洞口时水平分布筋翻样方法为：

$$外侧水平筋长度=外侧墙长度(减洞口长度后)-2\times保护层$$
$$+15d\times2+15d\times n$$

$$内侧水平筋长度=外侧墙长度(减洞口长度后)-2\times保护层$$
$$+15d\times2+15d\times2$$

$$水平筋根数=\left(\dfrac{布筋范围-50}{墙身水平筋间距}+1\right)\times排数$$

3. 顶层剪力墙钢筋翻样

顶层剪力墙身钢筋有竖向分布筋与水平分布筋。

1）水平钢筋翻样同中间层。

2）顶层剪力墙身竖向钢筋翻样方法

$$长钢筋长度=顶层层高-顶层板厚+锚固长度\ l_{aE}$$

$$短钢筋长度=顶层层高-顶层板厚-1.2l_{aE}-500+锚固长$$
$$度\ l_{aE}$$

$$根数=\left[\dfrac{剪力墙净长-竖向分布筋间距\times2}{竖向分布筋间距}+1\right]\times排数$$

4. 剪力墙身变截面处钢筋翻样

剪力墙变截面处钢筋的锚固包括两种形式：倾斜锚固及当前锚固与插筋组合。根据剪力墙变截面钢筋的构造措施，可知剪力墙纵筋的计算方法。

变截面处倾斜锚入上层的纵筋翻样方法：

$$变截面倾斜纵筋长度=层高+斜度延伸值+搭接长度\ 1.2l_{aE}$$

变截面处倾斜锚入上层的纵筋长度计算方法：

$$当前锚固纵筋长度=层高-板保护层+墙厚-2\times墙保护层$$

$$插筋长度=锚固长度\ 1.5l_{aE}+搭接长度\ 1.2l_{aE}$$

5. 剪力墙拉筋翻样

$$根数 = \frac{剪力总面积-洞口面积-边框梁面积}{拉筋间距 \times 拉筋间距}$$

5.2.2 剪力墙柱钢筋翻样

1. 基础层插筋翻样

墙柱基础插筋如图 5-33、图 5-34 所示，翻样方法为：

插筋长度＝插筋锚固长度＋基础外露长度

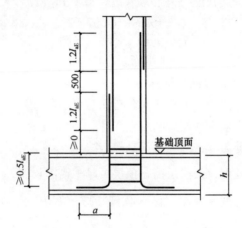

图 5-33 暗柱基础插筋绑扎连接构造

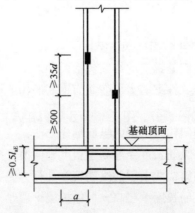

图 5-34 暗柱基础插筋机械连接构造

140

2. 中间层纵筋翻样

中间层纵筋如图 5-35、图 5-36 所示，翻样方法为：

绑扎连接时：

纵筋长度＝中间层层高＋$1.2l_{aE}$

机械连接时：

纵筋长度＝中间层层高

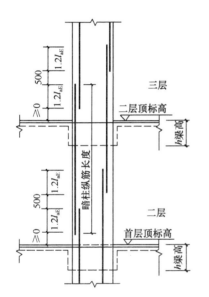

图 5-35 暗柱中间层钢筋
绑扎连接构造图

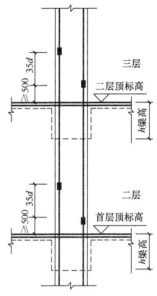

图 5-36 暗柱中间层
机械连接构造

3. 顶层纵筋计算

顶层纵筋如图 5-37、图 5-38 所示，翻样方法为：

绑扎连接时：

与短筋连接的钢筋长度＝顶层层高－顶层板厚＋顶层锚固总
长度 l_{aE}

与长筋连接的钢筋长度＝顶层层高－顶层板厚－($1.2l_{aE}$＋500)
＋顶层锚固总长度 l_{aE}

141

机械连接时:

与短筋连接的钢筋长度＝顶层层高－顶层板厚－500＋顶层
锚固总长度 l_{aE}

与长筋连接的钢筋长度＝顶层层高－顶层板厚－500－35d
＋顶层锚固总长度 l_{aE}

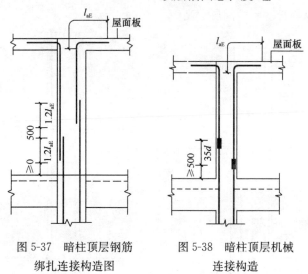

图 5-37　暗柱顶层钢筋　　　　图 5-38　暗柱顶层机械
绑扎连接构造图　　　　　　　连接构造

4. 变截面纵筋翻样

剪力墙柱变截面纵筋的锚固形式如图 5-39 所示,包括倾斜
锚固与锚固加插筋两种形式。

倾斜锚固钢筋长度翻样方法:

变截面处纵筋长度＝层高＋斜度延伸长度(＋1.2l_{aE})

锚固钢筋和插筋长度翻样方法:

锚固纵筋长度＝层高－非连接区－板保护层＋下墙柱柱宽－
2×墙柱保护层

变截面上层插筋长度＝锚固长度1.5l_{aE}＋非连接区（＋1.2l_{aE})

5. 墙柱箍筋翻样

(1) 基础插筋箍筋根数

142

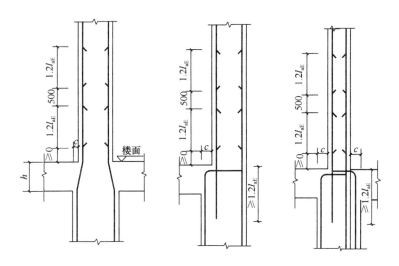

图 5-39　变截面钢筋绑扎连接

根数＝（基础高度－基础保护层）/500＋1

（2）底层、中间层、顶层箍筋根数

绑扎连接时：

根数＝（$2.4l_{aE}$＋500－50）/加密间距＋（层高－搭接范围）/
　　　间距＋1

机械连接时：

根数＝（层高－50）/箍筋间距＋1

6. 拉筋翻样

（1）基础拉筋根数

$$
基础层拉筋根数 = \left(\frac{基础高度 - 基础保护层\ c}{500} + 1 \right)
$$

$$
\times 每排拉筋根数
$$

（2）底层、中间层、顶层拉筋根数

$$
基础拉筋根数 = \left(\frac{层高 - 50}{间距} + 1 \right) \times 每排拉筋根数
$$

143

5.2.3 剪力墙梁钢筋翻样

1. 剪力墙单洞口连梁钢筋翻样

中间层单洞口连梁（图 5-40）钢筋翻样方法：

连梁纵筋长度＝左锚固长度＋洞口长度＋右锚固长度

$$箍筋根数＝\frac{洞口宽度－2×50}{间距}＋1$$

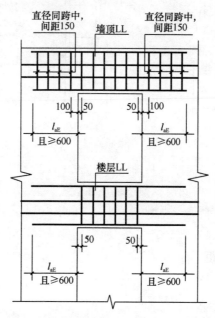

图 5-40　单洞口连梁

顶层单洞口连梁钢筋翻样方法：

连梁纵筋长度＝左锚固长度＋洞口长度＋右锚固长度

箍筋根数＝左墙肢内箍筋根数＋洞口上箍筋根数

　　　　　＋右墙肢内箍筋根数

$$＝\frac{左侧锚固长度水平段－100}{150}＋1$$

144

$$+\frac{洞口宽度-2\times50}{间距}+1$$

$$+\frac{右侧锚固长度水平段-100}{150}+1$$

2. 剪力墙双洞口连梁钢筋翻样

中间层双洞口连梁钢筋翻样方法：

连梁纵筋长度＝左锚固长度＋两洞口宽度＋洞口墙宽度＋右锚固长度

$$箍筋根数=\frac{洞口\;1\;宽度-2\times50}{间距}+1$$

$$+\frac{洞口\;2\;宽度-2\times50}{间距}+1$$

顶层双洞口连梁钢筋翻样方法：

连梁纵筋长度＝左锚固长度＋两洞口宽度＋洞间墙宽度＋右锚固长度

$$箍筋根数=\frac{左锚固长度-100}{150}+1$$

$$+\frac{两洞口宽度+洞间墙-2\times50}{间距}+1$$

$$+\frac{右锚固长度-100}{150}+1$$

3. 剪力墙连梁拉筋翻样

$$拉筋根数=\left(\frac{连梁净宽-2\times50}{箍筋间距\times2}+1\right)$$

$$\times\left(\frac{连梁高度-2\times保护层}{水平筋间距\times2}+1\right)$$

6 梁平法识图与钢筋翻样

6.1 梁钢筋的平法识图

6.1.1 梁平法施工图的表示方法

梁平法施工图设计的第一步是按梁的标准层绘制梁平面布置图。设计人员采用平面注写方式或截面注写方式，直接在梁平面布置图上表达梁的截面尺寸、配筋等相关设计信息。

梁平面布置图，应分别按梁的不同结构层（标准层），将全部梁和与其相关联的柱、墙、板一起采用适当比例绘制。在梁平法施工图中，尚应注明各结构层的顶面标高及相应的结构层号。

对于轴线未居中的梁，应标注其与定位轴线的尺寸（贴柱边的梁可不注）。

6.1.2 梁平面注写方式

1. 定义

梁的平面注写方式，系在梁平面布置图上，分别在不同编号的梁中各选一根梁，在其上注写截面尺寸和配筋具体数值的方式来表达梁平法施工图，如图 6-1 所示。

平面注写包括集中标注与原位标注。集中标注表达梁的通用数值，原位标注表达梁的特殊数值。当集中标注中的某项数值不适用于梁的某部位时，则将该项数值原位标注。施工时，原位标注取值优先。下面分别介绍两种标注形式。

2. 集中标注

集中标注内容主要表达通用于梁各跨的设计数值，通常包括五项必注内容和一项选注内容。集中标注从梁中任一跨引出，将其需要集中标注的全部内容注明。

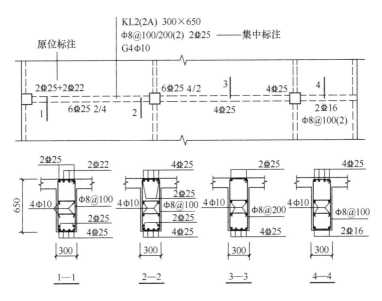

图 6-1　梁构件平面注写方式

（1）梁编号

梁编号由梁类型代号、序号、跨数及有无悬挑代号几项组成。梁类型与相应的编号见表 6-1。该项为必注值。

梁编号　　　　　　　　　　　　　　　　　　　　表 6-1

梁类型	代号	序号	跨数及是否带有悬挑
楼层框架梁	KL	××	（××）、（××A）或（××B）
楼层框架扁梁	KBL	××	（××）、（××A）或（××B）
屋面框架梁	WKL	××	（××）、（××A）或（××B）
非框架梁	L	××	（××）、（××A）或（××B）
框支梁	KZL	××	（××）、（××A）或（××B）
托柱转换梁	TZL	××	（××）、（××A）或（××B）
悬挑梁	XL	××	（××）、（××A）或（××B）

梁类型	代号	序号	跨数及是否带有悬挑
井字梁	JZL	××	（××）、（××A）或（××B）

注：1. （××A）为一端有悬挑，（××B）为两端有悬挑，悬挑不计入跨数。井字梁的跨数见有关内容。

2. 楼层框架扁梁节点核心区代号 KBH。

3. 非框架梁 L、井字梁 JZL 表示端支座为铰接；当非框架梁 L、井字梁 JZL 端支座上部纵筋为充分利用钢筋的抗拉强度时，在梁代号后加"g"。

4. 当非框架梁 L 按受扭设计时，在梁代号后加"N"。

（2）梁截面尺寸

截面尺寸的标注方法如下：

当为等截面梁时，用 $b \times h$ 表示；

当为竖向加腋梁时，用 $b \times h \, Yc_1 \times c_2$ 表示，其中 c_1 表示腋长，c_2 表示腋高，见图 6-2。

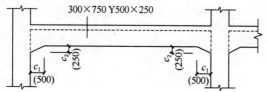

图 6-2 竖向加腋梁标注

当为水平加腋梁时，用 $b \times h \, PYc_1 \times c_2$ 表示，其中 c_1 表示腋长，c_2 表示腋宽，见图 6-3。

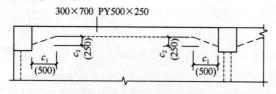

图 6-3 水平加腋梁标注

当有悬挑梁且根部和端部的高度不同时，用斜线分隔根部与端部的高度值，即为 $b \times h_1/h_2$，其中 h_1 为梁根部高度值，h_2 为梁端部高度值，见图 6-4。

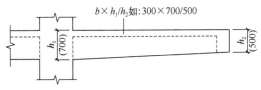

图 6-4　悬挑梁不等高截面标注

（3）梁箍筋

梁箍筋注写包括钢筋种类、直径、加密区与非加密区间距及肢数，该项为必注值。箍筋加密区与非加密区的不同间距及肢数需用斜线"／"分隔；当梁箍筋为同一种间距及肢数时，则不需用斜线；当加密区与非加密区的箍筋肢数相同时，则将肢数注写一次；箍筋肢数应写在括号内。加密区范围见相应抗震等级的标准构造详图。

非框架梁、悬挑梁、井字梁采用不同的箍筋间距及肢数时，也用斜线"／"将其分隔开来。注写时，先注写梁支座端部的箍筋（包括箍筋的箍数、钢筋种类、直径、间距与肢数），在斜线后注写梁跨中部分的箍筋间距及肢数。

（4）梁上部通长筋或架立筋

梁构件的上部通长筋或架立筋配置（通长筋可为相同或不同直径采用搭接连接、机械连接或焊接的钢筋），所注规格与根数应根据结构受力要求及箍筋肢数等构造要求而定。当同排纵筋中既有通长筋又有架立筋时，应用加号"＋"将通长筋和架立筋相联。注写时，需将角部纵筋写在加号的前面，架立筋写在加号后面的括号内，以示不同直径及与通长筋的区别。当全部采用架立筋时，则将其写入括号内。

（5）梁侧面纵向构造钢筋或受扭钢筋配置

当梁腹板高度 $h_w \geqslant 450mm$ 时，需配置纵向构造钢筋，所注规格与根数应符合规范规定。此项注写值以大写字母 G 打头，接续注写设置在梁两个侧面的总配筋值，且对称配置。

当梁侧面需配置受扭纵向钢筋时，此项注写值以大写字母 N
打头，接续注写配置在梁两个侧面的总配筋值，且对称配置。受
扭纵向钢筋应满足梁侧面纵向构造钢筋的间距要求，且不再重复
配置纵向构造钢筋。

注：1. 当为梁侧面构造钢筋时，其搭接与锚固长度可取为 $15d$。

2. 当为梁侧面受扭纵向钢筋时，其搭接长度为 l_l 或 l_{lE}，锚固长
度为 l_a 或 l_{aE}；其锚固方式同框架梁下部纵筋。

（6）梁顶面标高高差

梁顶面标高高差，系指相对于结构层楼面标高的高差值，对
于位于结构夹层的梁，则指相对于结构夹层楼面标高的高差值。
有高差时，需将其写入括号内，无高差时不注。

注：当某梁的顶面高于所在结构层的楼面标高时，其标高高差为正值，
反之为负值。

3. 原位标注

原位标注的内容主要是表达梁本跨内的设计数值以及修正集
中标注内容中不适用于本跨的内容。

（1）梁支座上部纵筋

梁支座上部纵筋，是指标注该部位含通长筋在内的所有
纵筋。

1）当上部纵筋多于一排时，用斜线"/"将各排纵筋自上而
下分开。

2）当同排纵筋有两种直径时，用加号"＋"将两种直径的
纵筋相联，注写时将角部纵筋写在前面。

3）当梁中间支座两边的上部纵筋不同时，需在支座两边分
别标注；当梁中间支座两边的上部纵筋相同时，可仅在支座的一
边标注配筋值，另一边省去不注，见图 6-5。

4）对于端部带悬挑的梁，其上部纵筋注写在悬挑梁根部支
座部位。当支座两边的上部纵筋相同时，可仅在支座的一边标注
配筋值。

（2）梁下部纵筋

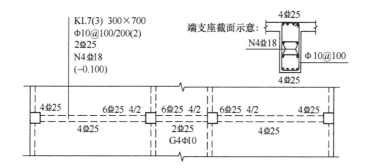

图 6-5　梁中间支座两边的上部纵筋不同注写方式

1）当下部纵筋多于一排时，用斜线"/"将各排纵筋自上而下分开。

2）当同排纵筋有两种直径时，用加号"＋"将两种直径的纵筋相联，注写时角筋写在前面。

3）当梁下部纵筋不全部伸入支座时，将不伸入梁支座的下部纵筋数量写在括号内。

4）当梁的集中标注中已分别注写了梁上部和下部均为通长的纵筋值时，则不需在梁下部重复做原位标注。

5）当梁设置竖向加腋时，加腋部位下部斜向纵筋应在支座下部以 Y 打头注写在括号内（图 6-6），22G101-1 中框架梁竖向加腋构造适用于加腋部位参与框架梁计算，其他情况设计者应另

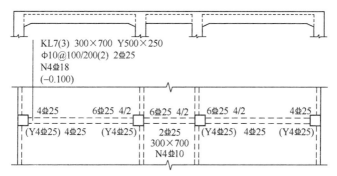

图 6-6　梁加腋平面注写方式

行给出构造。当梁设置水平加腋时,水平加腋内上、下部斜纵筋应在加腋支座上部以 Y 打头注写在括号内,上、下部斜纵筋之间用"/"分隔(图 6-7)。

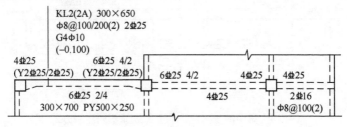

KL2(2A) 300×650
Φ8@100/200(2) 2Φ25
G4Φ10
(−0.100)

4Φ25
(Y2Φ25/2Φ25)

6Φ25 4/2
(Y2Φ25/2Φ25)

6Φ25 4/2

4Φ25

4Φ25

6Φ25 2/4
300×700 PY500×250

4Φ25

2Φ16
Φ8@100(2)

图 6-7 梁水平加腋平面注写方式

(3)修正内容

当在梁上集中标注的内容(即梁截面尺寸、箍筋、上部通长筋或架立筋,梁侧面纵向构造钢筋或受扭纵向钢筋,以及梁顶面标高高差中的某一项或几项数值)不适用于某跨或某悬挑部分时,则将其不同数值原位标注在该跨或该悬挑部位,施工时应按原位标注数值取用。

当在多跨梁的集中标注中已注明加腋,而该梁某跨的根部却不需要加腋时,则应在该跨原位标注等截面的 $b \times h$,以修正集中标注中的加腋信息(图 6-6)。

(4)附加箍筋或吊筋

平法标注是将其直接画在平面布置图中的主梁上,用线引注总配筋值对于附加箍筋,设计尚应注明附加箍筋的肢数,箍筋肢数注在括号内(图 6-8)。当多数附加箍筋或吊筋相同时,可在梁平法施工图上统一注明;少数与统一注明值不同时,再原位引注。

(5)代号为 L 的非框架梁

代号为 L 的非框架梁,当某一端支座上部纵筋为充分利用钢筋的抗拉强度时;对于一端与框架柱相连、另一端与梁相连的梁(代号为 KL),当其与梁相连的支座上部纵筋为充分利用钢

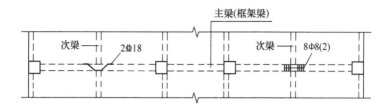

图 6-8 附加箍筋和吊筋的画法示例

筋的抗拉强度时，在梁平面布置图上原位标注，以符号"g"表示，如图 6-9 所示。

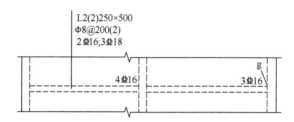

图 6-9 梁一端采用充分利用钢筋抗拉强度方式的注写示意

注："g"表示右端支座按照非框架梁 Lg 配筋构造。

4. 框架扁梁注写方式

（1）框架扁梁注写规则同框架梁，对于上部纵筋和下部纵筋，尚需注明未穿过柱截面的梁纵向受力钢筋的根数（见图 6-10）。

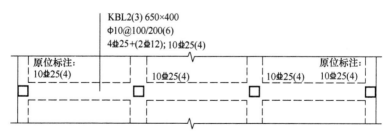

图 6-10 框架扁深平面注写方式示例

（2）框架扁梁节点核心区代号为 KBH，包括柱内核心区和柱外核心区两部分。框架扁梁节点核心区钢筋注写包括柱外核心区竖向拉筋及节点核心区附加抗剪纵向钢筋，端支座节点核心区尚需注写附加 U 形箍筋。

柱内核心区箍筋见框架柱箍筋。

柱外核心区竖向拉筋，注写其钢筋种类与直径；端支座柱外核心区尚需注写附加 U 形箍筋的钢筋种类、直径及根数。

框架扁梁节点核心区附加抗剪纵向钢筋，以大写字母"F"打头，大写字母"X"或"Y"注写其设置方向 x 向或 y 向，层数、每层钢筋根数、钢筋种类、直径及未穿过柱截面的纵向受力钢筋根数。

设计、施工时应注意：

1）柱外核心区竖向拉筋在梁纵向钢筋两向交叉位置均布置，当布置方式与图集要求不一致时，设计应另行绘制详图。

2）框架扁梁端支座节点，柱外核心区设置 U 形箍筋及竖向拉筋时，在 U 形箍筋与位于柱外的梁纵向钢筋交叉位置均布置竖向拉筋。当布置方式与图集要求不一致时，设计应另行绘制详图。

3）附加抗剪纵向钢筋应与竖向拉筋相互绑扎。

5. 井字梁注写方式

井字梁通常由非框架梁构成，并以框架梁为支座（特殊情况下以专门设置的非框架大梁为支座）。在此情况下，为明确区分井字梁与作为井字梁支座的梁，井字梁用单粗虚线表示（当井字梁顶面高出板面时，可用单粗实线表示），作为井字梁支座的梁用双细虚线表示（当梁顶面高出板面时，可用细实线表示）。

井字梁系指在同一矩形平面内相互正交所组成的结构构件，井字梁所分布范围称为"矩形平面网格区域"（简称"网格区域"）。当在结构平面布置中仅有由四根框架梁框起的一片网格区域时，所有在该区域相互正交的井字梁均为单跨；当有多片网格区域相连时，贯通多片网格区域的井字梁为多跨，且相邻两片网格区域分界处即为该井字梁的中间支座。对某根井字梁编号时，其跨数为其总支座数减1；在该梁的任意两个支座之间，无论有几根同类梁与其相交，均不作为支座（图 6-11）。

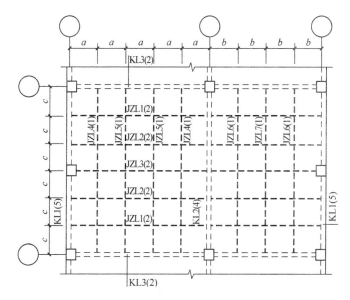

图 6-11　井字梁矩形平面网格区域

6.1.3　梁截面注写方式

在实际工程中，梁构件的截面注写方式应用较少，故在此只做简单介绍。

截面注写方式是在分标准层绘制的梁平面布置图上，分别在不同编号的梁中各选择一根梁用剖面号引出配筋图，并在其上注写截面尺寸和配筋具体数值的方式来表达梁平法施工图。在截面注写的配筋图中可注写的内容有：梁截面尺寸、上部钢筋和下部钢筋、侧面构造钢筋或受扭钢筋、箍筋等，其表达方式与梁平面注写方式相同，如图 6-12 所示。

对所有梁进行编号，从相同编号的梁中选择一根梁，用剖面号引出截面位置，再将截面配筋详图画在本图或其他图上。当某梁的顶面标高与结构层的楼面标高不同时，尚应继其梁编号后注

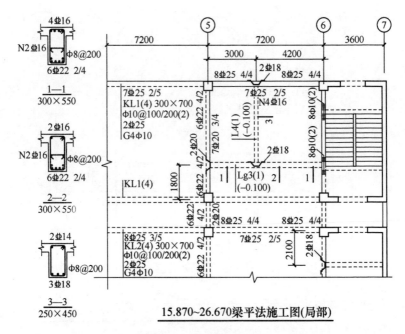

图 6-12　梁截面注写方式

写梁顶面标高高差（注写规定与平面注写方式相同）。

　　在截面配筋详图上注写截面尺寸 $b \times h$、上部筋、下部筋、侧面构造筋或受扭筋以及箍筋的具体数值时，其表达形式与平面注写方式相同。

　　对于框架扁梁尚需在截面详图上注写未穿过柱截面的纵向受力筋根数。对于框架扁梁节点核心区附加钢筋，需采用平、剖面图表达节点核心区附加抗剪纵向钢筋、柱外核心区全部竖向拉筋以及端支座附加 U 形箍筋，注写其具体数值。

　　截面注写方式既可以单独使用，也可与平面注写方式结合使用。

　　注：在梁平法施工图的平面图中，当局部区域的梁布置过密时，除了采用截面注写方式表达外，也可将过密区用虚线框出，适当放大比例后再用平面注写方式表示。当表达异形截面梁的尺寸与配筋时，用截面注写方

式相对比较方便。

6.1.4　梁构件标准构造详图

1. 楼层框架梁纵向钢筋构造

楼层框架梁纵向钢筋构造要求包括：上部纵筋构造、下部纵筋构造和节点锚固要求，如图 6-13 所示。

其构造要求有：

（1）框架梁端支座和中间支座上部非通长纵筋的截断位置

框架梁端部或中间支座上部非通长纵筋自柱边算起，其长度统一取值：非贯通纵筋位于第一排时为 $l_n/3$；非贯通纵筋位于第二排时为 $l_n/4$；若由于多于三排的非通长钢筋设计，则依据设计确定具体的截断位置。

（2）框架梁上部通长筋的构造要求

当跨中通长钢筋直径小于梁支座上部纵筋时，通常钢筋分为梁两端支座上部纵筋搭接，搭接长度为 l_{lE}，且按 100% 接头面积百分率计算搭接长度。当通长钢筋直径与梁端上部纵筋相同时，将梁端支座上部纵筋中按通长筋的根数延伸至跨中 1/3 净跨范围内交错搭接、机械连接或者焊接。当采用搭接连接时，搭接长度为 l_{lE}，且当在同一连接区段时，按 100% 接头面积百分率计算搭接长度；当不在同一连接区段时，按 50% 接头面积百分率计算搭接长度。

当框架梁设置箍筋的肢数多于两根，且当跨中通长钢筋仅为两根时，补充设计的架立筋与非贯通钢筋的搭接长度为 150mm。

（3）框架梁上部与下部纵筋在端支座锚固要求

框架梁上部与下部纵筋在端支座锚固构造可分为三种形式：

1）端支座弯锚。如图 6-13 所示，其构造要点为：

上部纵筋和下部纵筋都要伸至柱外侧纵筋内侧，弯折 $15d$，锚入柱内的水平段均应 $\geqslant 0.4 l_{abE}$；当柱宽度较大时，上部纵筋和下部直径伸入柱内的直锚长度 $\geqslant l_{aE}$ 且 $\geqslant 0.5 h_c + d$（h_c 为柱截面沿框架方向的高度，d 为钢筋直径）。

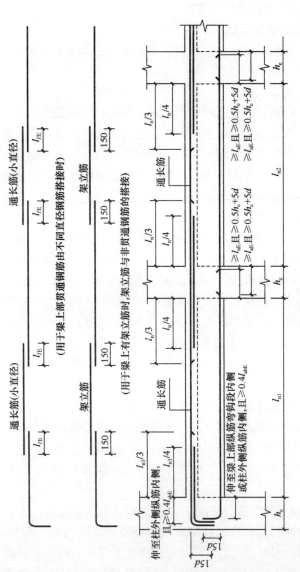

图 6-13 楼层框架梁梁纵向钢筋构造

2）直锚形式。如图 6-14 所示，其构造要点为：

直锚长度＝$\max(l_{aE}，0.5h_c+5d)$（h_c 为柱截面沿框架方向的高度，d 为钢筋直径）。

3）端支座加锚头（锚板）锚固形式。如图 6-15 所示，其构造要点为：

梁上部通长筋伸至柱外侧纵筋内侧且$\geqslant 0.4l_{abE}$。

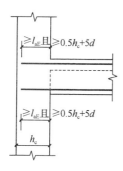

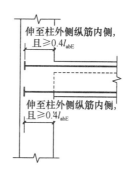

图 6-14　框架梁纵向钢筋　　　图 6-15　框架梁纵向钢筋
构造（端支座直锚）　　　构造（端支座加锚头/
锚板锚固）

（4）框架梁下部纵筋在中间支座锚固和连接的构造

框架梁下部纵筋在中间支座锚固要求为：纵筋伸入中间支座的锚固长度取值为 $\max$（l_{aE}，$0.5h_c+5d$）。

框架梁下部纵筋在中间节点的连接构造如图 6-16 所示。

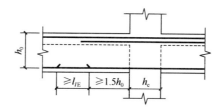

图 6-16　中间层中间节点梁下部筋在节点外搭接构造

2. 框架扁梁中柱节点构造

框架扁梁中柱节点构造如图 6-17 所示。

其构造要求有：

（1）框架扁梁上部通长钢筋连接位置、非贯通钢筋伸出长度要求同框架梁。

（2）穿过柱截面的框架扁梁下部纵筋，可在柱内锚固；未穿过柱截面下部纵筋应贯通节点区。

（3）框架扁梁下部纵筋在节点外连接时，连接位置宜避开箍筋加密区，并宜位于支座 $l_{ni}/3$ 范围之内。

（4）箍筋加密区要求见图 6-18。

3. 架扁梁边柱节点构造要求有哪些？

框架扁梁边柱节点构造如图 6-19 所示。

其构造要求有：

（1）穿过柱截面框架扁梁纵向受力钢筋锚固做法同框架梁。

（2）框架扁梁上部通长钢筋连接位置、非贯通钢筋伸出长度要求同框架梁。

（3）框架扁梁下部钢筋在节点外连接时，连接位置宜避开箍筋加密区，并宜位于支座 $l_{ni}/3$ 范围之内。

（4）节点核心区附加抗剪纵向钢筋在柱及边梁中锚固同框架扁梁纵向受力钢筋，如图 6-20、图 6-21 所示。

（5）当 $h_c - b_s \geqslant 100mm$ 时，需设置 U 形箍筋及竖向拉筋。

（6）竖向拉筋同时勾住扁梁上下双向纵筋，拉筋末端采用 135°弯钩，平直段长度为 10d。

4. 屋面框架梁钢筋构造

（1）屋面框架梁纵向钢筋构造

屋面框架梁纵向钢筋构造如图 6-22 所示。

其构造要求为：

1）上部纵筋和下部纵筋都要伸至柱外侧纵筋内侧，弯折

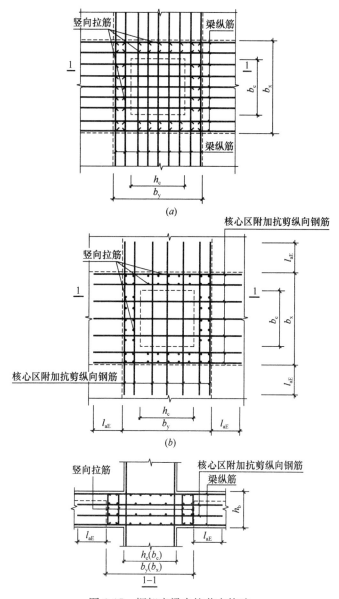

图 6-17 框架扁梁中柱节点构造

（a）框架扁梁中柱节点竖向拉筋；（b）框架扁梁中柱节点附加纵向钢筋

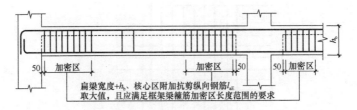

扁梁宽度+h_b、核心区附加抗剪纵向钢筋l_{aE}
取大值，且应满足框架梁箍筋加密区长度范围的要求

图 6-18　框架扁梁箍筋构造

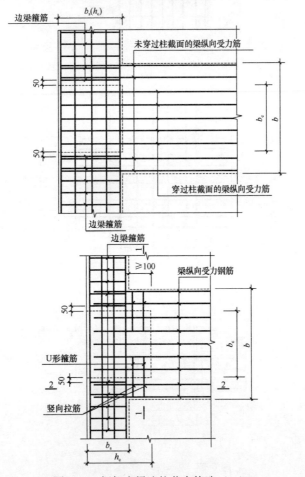

图 6-19　框架扁梁边柱节点构造（一）

162

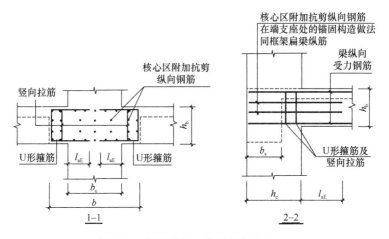

图 6-19　框架扁梁边柱节点构造（二）

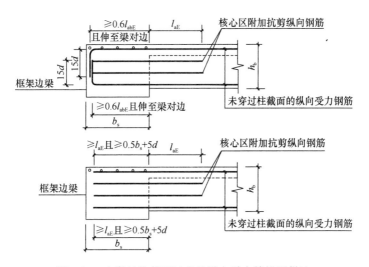

图 6-20　未穿过柱截面的扁梁纵向受力筋锚固做法

$15d$，锚入柱内的水平段均应$\geqslant 0.4l_{abE}$；当柱宽度较大时，上部纵筋和下部直径伸入柱内的直锚长度$\geqslant l_{aE}$，且$\geqslant 0.5h_c + d$（h_c为柱截面沿框架方向的高度，d为钢筋直径）。

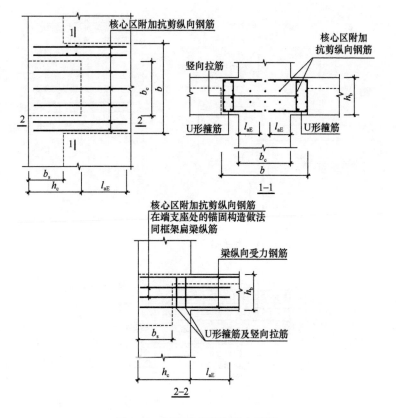

图 6-21 框架扁梁附加纵向钢筋

2) 端支座负筋的延伸长度。第一排支座负筋从柱边开始延伸至 $l_{n1}/3$ 位置；第二排支座负筋从柱边开始延伸至 $l_{n1}/4$ 位置（l_{n1} 为边跨的净跨长度）。

3) 中间支座负筋的延伸长度。第一排支座负筋从柱边开始延伸至 $l_n/3$ 位置；第二排支座负筋从柱边开始延伸至 $l_n/4$ 位置（l_n 为支座两边的净跨长度 l_{n1} 和 l_{n2} 的最大值）。

4) 当梁上部贯通钢筋由不同直径搭接时，通长筋与支座负筋的搭接长度为 l_{lE}。

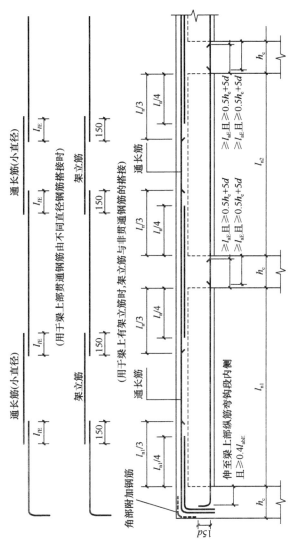

图 6-22 屋面框架梁纵筋构造

5）当梁上有架立筋时，架立筋与非贯通钢筋搭接，搭接长度为 150mm。

（2）梁下部钢筋在顶层端节点的锚固

梁下部钢筋在顶层端节点的锚固形式可分为三种：

1）端支座弯锚。其锚固形式如图 6-22 所示，构造要求为：

下部纵筋伸至柱外侧纵筋内侧，弯折 $15d$，锚入柱内的水平段均应 $\geqslant 0.4 l_{abE}$。

2）端支座直锚。其锚固形式如图 6-23 所示，构造要求为：

下部纵筋伸至柱外侧纵筋内侧，直锚长度为 max（l_{aE}，$0.5h_c + 5d$）（h_c 为柱截面沿框架方向的高度，d 为钢筋直径）。

3）端支座加锚头（锚板）锚固。其锚固形式如图 6-24 所示，构造要求为：

下部纵筋伸至柱外侧纵筋内侧，直锚长度为 $\geqslant 0.4 l_{abE}$，加锚头（锚板）锚固。

（3）顶层中间节点梁下部筋在节点外搭接构造

顶层中间节点梁下部筋在节点外搭接构造如图 6-25 所示。

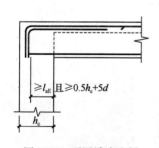

图 6-23　顶层端支座梁
下部钢筋直锚

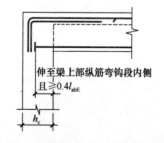

图 6-24　顶层端节点梁下部钢筋
端头加锚头（锚板）锚固

其构造要求为：

梁下部钢筋也可在节点外搭接。相邻跨钢筋直径不同时，搭接位置应位于较小直径一跨。

166

5. 屋面框架梁中间支座纵向钢筋构造

屋面框架梁中间支座纵向钢筋构造,见图6-26。

节点①构造详情:支座上部纵筋贯通布置,梁截面高度大的梁下部纵筋锚固与

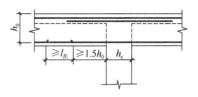

图 6-25 屋面框架梁顶层
中间节点构造

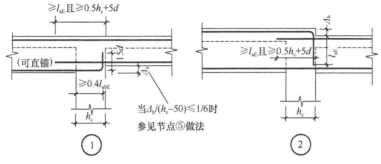

当 $\Delta_h/(h_c-50) \leqslant 1/6$ 时
参见节点⑤做法

当支座两边梁宽不同或错开布置时,将无法
直通的纵筋弯锚入柱内;当支座两边纵筋根
数不同时,可将多出的纵筋弯锚入柱内

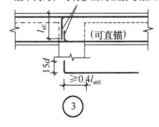

图 6-26 屋面框架梁中间支座纵向钢筋构造

端支座锚固构造要求相同,梁截面小的梁下部纵筋锚固与中间支座锚固构造要求相同。

节点②构造详情:梁截面高度大的支座上部纵筋锚固要求与端支座锚固构造要求相同,需要注意的是:弯折后的竖直段长度 l_{aE} 是从截面高度小的梁顶面算起;梁截面高度小的支座上部纵筋锚固要求为伸入支座锚固,锚固长度为 $\geqslant l_{aE}$ 且 $\geqslant 0.5h_c+5d$;

下部纵筋锚固措施与梁高度不变时相同。

节点③构造详情：屋面框架梁中间支座两边框架梁梁宽不同或错开布置时，将无法直锚的纵筋弯锚入柱内；当支座两边纵筋根数不同时，可将多出的纵筋弯锚入柱内，锚固的构造要求为平直段长度$\geq 0.4 l_{abE}$，弯折长度为$15d$。

6. 框架梁中间支座纵向钢筋构造

框架梁中间支座纵向钢筋构造，见图 6-27。

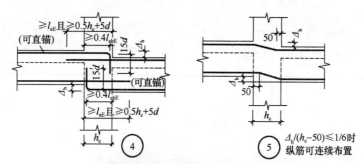

当支座两边梁宽不同或错开布置时，将无法直通的纵筋弯锚入柱内；当支座两边纵筋根数不同时，可将多出的纵筋弯锚入柱内

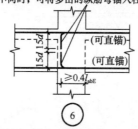

图 6-27　框架梁中间支座纵向钢筋构造

节点④构造详情：梁顶面标高高的梁上部纵筋锚固要求同端支座锚固构造要求；梁顶面标高低的梁的支座上部纵筋锚固要求为伸入支座锚固长度$\geq l_{aE}$且$\geq 0.5 h_c + 5d$；下部纵筋锚固构造同上部纵筋。

节点⑤构造详情：$\Delta_h/(h_c-50) \leq 1/6$ 时，上、下部通长筋

斜弯通过。

节点⑥构造详情：框架梁中间支座两边框架梁梁宽不同或错开布置时，将无法直锚的纵筋弯锚入柱内；当支座两边纵筋根数不同时，可将多出的纵筋弯锚入柱内，锚固的构造要求为平直段长度$\geqslant 0.4l_{abE}$，弯折长度为$15d$。

7. 悬挑梁与各类悬挑端配筋构造

（1）纯悬挑梁 XL 的构造

纯悬挑梁 XL 的钢筋构造，如图 6-28 所示。

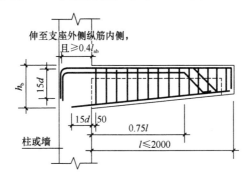

图 6-28　纯悬挑梁 XL 的钢筋构造

纯悬挑梁构造要求：

1）悬挑梁上部纵筋的配筋构造

①第一排上部纵筋，至少有两根角筋，并不少于第一排纵筋的 1/2 的上部纵筋一直伸到悬挑梁端部，再直角弯直伸到梁底，其余纵筋弯下（即钢筋在端部附近下完成 45°的斜弯）。当 $l<4h_b$ 时，可不将钢筋在端部弯下。

②第二排上部纵筋伸到悬挑端长度的 0.75 处。

③纯悬挑梁的上部纵筋在支座中的锚固：伸至柱外侧纵筋内侧，且 $\geqslant 0.4l_{ab}$。

2）悬挑梁下部纵筋的配筋构造。纯悬挑梁的悬挑端的下部纵筋在支座的锚固：其锚固长度为 $15d$。

（2）各类梁的悬挑端配筋构造

各类梁的悬挑端配筋构造，见图 6-29。

在图 6-29 中：

图（a）可用于中间层或屋面；

图（b）当 $\Delta_h/(h_c-50)>1/6$ 时，仅用于中间层；

图（c）当 $\Delta_h/(h_c-50)\leqslant 1/6$ 时，上部纵筋连续布置，用于中间层，当支座为梁时也可用于屋面；

图（d）当 $\Delta_h/(h_c-50)>1/6$ 时，仅用于中间层；

图（e）当 $\Delta_h/(h_c-50)\leqslant 1/6$ 时，上部纵筋连续布置，用于中间层，当支座为梁时也可用于屋面；

图（f）当 $\Delta_h\leqslant h_b/3$ 时，用于屋面，当支座为梁时也可用于中间层；

图（g）当 $\Delta_h\leqslant h_b/3$ 时，用于屋面，当支座为梁时也可用于中间层；

图（h）为悬挑梁端附加箍筋范围构造。

8. 梁箍筋的构造

框架梁和屋面框架梁箍筋构造

框架梁和屋面框架梁箍筋加密区范围如图 6-30 所示。

框架梁和屋面框架梁箍筋构造要求：

（1）抗震等级为一级时，箍筋加密区长度 $\geqslant 2.0h_b$ 且 $\geqslant$

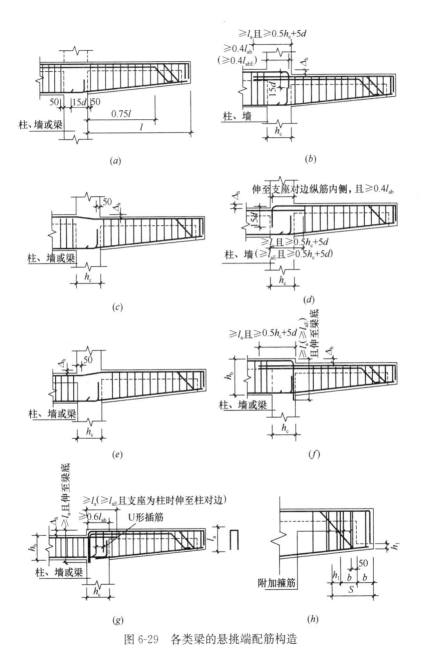

图 6-29 各类梁的悬挑端配筋构造

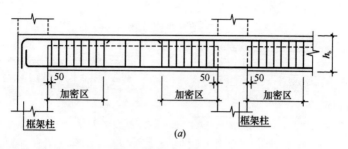

(a)

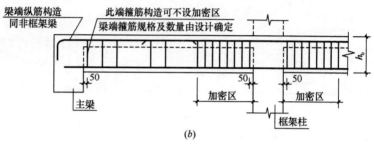

(b)

图 6-30 框架梁和屋面框架梁箍筋构造

500mm（h_b 为梁截面高度）；抗震等级为二～四级时，箍筋加密区长度≥1.5h_b 且≥500mm。

（2）第一个箍筋在距支座边缘 50mm 处开始设置。

（3）弧形梁沿中心线展开，箍筋间距沿凸面线量度。

（4）多于两肢箍的复合箍筋应采用外封闭大箍筋套内封闭小箍筋的复合形式。

（5）尽端为梁时，可不设加密区，梁端箍筋规格及数量由设计确定。

9. 附加箍筋、吊筋构造

当次梁作用在主梁上，由于次梁集中荷载的作用，使得主梁上易产生裂缝。为防止裂缝的产生，在主次梁节点范围内，主梁的箍筋（包括加密区与非加密区）正常设置。此外，再设置相应的构造钢筋、附加箍筋或附加吊筋。其构造要求如图 6-31 和图 6-32所示。

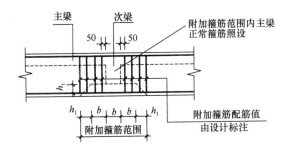

图 6-31 附加箍筋构造

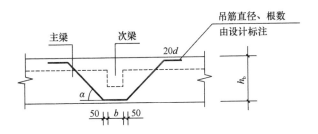

图 6-32 附加吊筋构造

（$h_b \leqslant 800\text{mm}$，$\alpha = 45°$；$h_b > 800\text{mm}$，$\alpha = 60°$）

10. 侧面纵向构造钢筋及拉筋的构造要求

梁侧面纵向构造钢筋及拉筋的构造如图 6-33 所示。

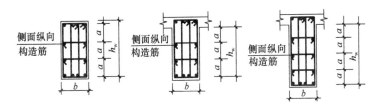

图 6-33 梁侧面纵向构造钢筋及拉筋的构造

梁侧面纵向构造钢筋的设置条件：当梁腹板高度≥450mm 时，需设置构造钢筋，纵向构造钢筋间距要求≤200mm。当梁侧面设置受扭钢筋且其间距不大于 200mm 时，则不需重复设置构造钢筋。

173

拉筋直径的确定：梁宽≤350mm 时，拉筋直径为 6mm；梁宽＞350mm 时，拉筋直径为 8mm。

拉筋间距的确定：拉筋间距为非加密区箍筋间距的两倍。当设有多排拉筋时，上下两排拉筋竖向错开设置。

11. 不伸入支座梁下部纵向钢筋构造

当梁（不包括框支梁）下部纵筋不全部伸入支座时，不伸入支座的梁下部纵筋截断点距支座边的距离，统一取为 $0.1l_{ni}$（l_{ni} 为本跨的净跨值），如图 6-34 所示。

12. 框架梁加腋构造

（1）框架梁水平加腋构造

框架梁水平加腋构造，见图 6-35。

框架梁水平加腋构造要求：

当梁结构平法施工图中，水平加腋部位的配筋设计未给出时，其梁腋上下部斜纵筋（仅设置第一排）直径分别同梁内上下纵筋，水平间距不宜大于 200mm；水平加腋部位侧面纵向构造钢筋的设置及构造要求，同梁内侧面纵向构造筋。

图中箍筋加密区 1 取值：

抗震等级为一级：$\geqslant 2.0h_b$ 且$\geqslant 500mm$；

抗震等级为二～四级：$\geqslant 1.5h_b$ 且$\geqslant 500mm$，且不小于腋长 $c_1 + 0.5h_b$。

（2）框架梁竖向加腋构造

框架梁竖向加腋构造，见图 6-36。

框架梁竖向加腋构造要求：

框架梁竖向加腋构造适用于加腋部分，参与框架梁计算，配筋由设计标注。

图中 c_3 的取值：

抗震等级为一级：$\geqslant 2.0h_b$ 且$\geqslant 500mm$；

抗震等级为二～四级：$\geqslant 1.5h_b$ 且$\geqslant 500mm$。

13. 转换柱 ZHZ 的配筋构造

转换柱 ZHZ 的配筋构造，见图 6-37。

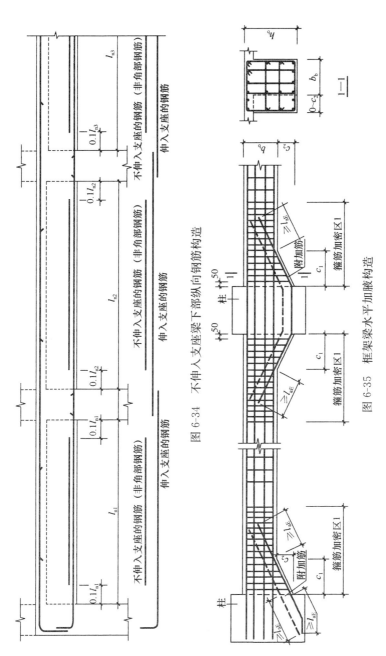

图 6-34 不伸入支座梁下部纵向钢筋构造

图 6-35 框架梁水平加腋构造

175

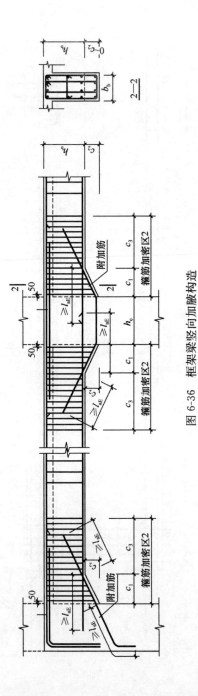

图 6-36 框架梁竖向加腋构造

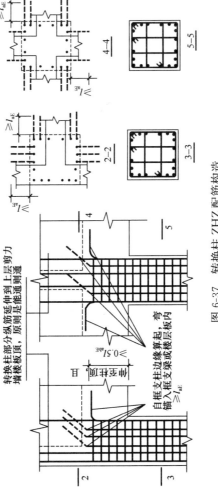

图 6-37 转换柱 ZHZ 配筋构造

转换柱 ZHZ 配筋构造要求：

1) 转换柱的柱底纵筋的连接构造同抗震框架柱。

2) 柱纵筋的连接宜采用机械连接接头。

3) 转换柱部分纵筋延伸到上层剪力墙楼板顶，原则是能通则通。

4) 托柱转换梁托柱位置箍筋加密构造如图 6-38 所示。

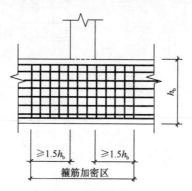

图 6-38　托柱转换梁 TZL 托柱位置箍筋加密构造

14. 折梁钢筋构造

（1）水平折梁钢筋构造

水平折梁钢筋构造如图 6-39 所示。

（2）竖向折梁钢筋构造

竖向折梁钢筋构造如图 6-40 所示。

15. 井字梁配筋构造

井字梁配筋构造，见图 6-41。

井字梁配筋构造要求：

1) 上部纵筋锚入端支座的水平段长度：当设计按铰接时，长度 $\geqslant 0.35 l_{ab}$；当充分利用钢筋的抗拉强度时，长度 $\geqslant 0.6 l_{ab}$，弯锚 $15d$。

2) 架立筋与支座负筋的搭接长度为 150mm。

3) 下部纵筋在端支座直锚 $12d$，在中间支座直锚 $12d$。

4) 从距支座边缘 50mm 处开始布置第一个箍筋。

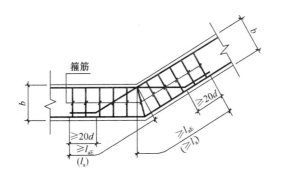

图 6-39 水平折梁钢筋构造

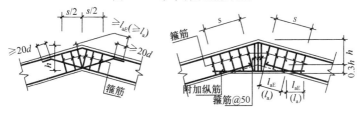

图 6-40 竖向折梁钢筋构造

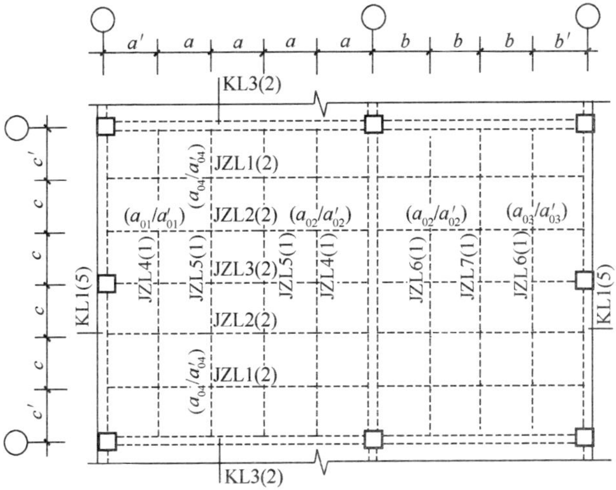

图 6-41 井字梁配筋构造（一）

（a）平面布置图

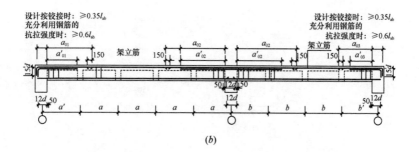

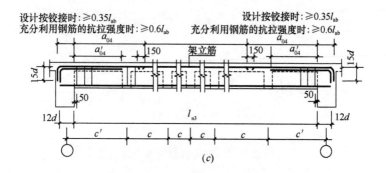

图 6-41 井字梁配筋构造（二）

（b）JZL2（2）配筋构造；（c）JZL5（1）配筋构造

6.2 梁钢筋翻样

6.2.1 楼层框架梁上下通长筋翻样

（1）两端端支座均为直锚

两端端支座均为直锚钢筋构造，见图 6-42。

上、下部通长筋长度＝通跨净长 l_n＋左 $\max$（l_{aE}，$0.5h_c$＋$5d$）＋右 $\max$（l_{aE}，$0.5h_c$＋$5d$）

（2）两端端支座均为弯锚

两端端支座均为弯锚钢筋构造，见图 6-43。

上、下部通长筋长度＝梁长－2×保护层厚度＋15d 左＋15d 右

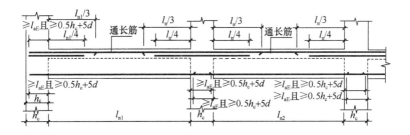

图 6-42 纵筋在端支座直锚构造

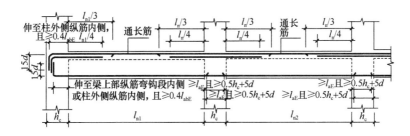

图 6-43 纵筋在端支座弯锚构造

（3）端支座一端直锚、一端弯锚

端支座一端直锚、一端弯锚钢筋构造，见图 6-44。

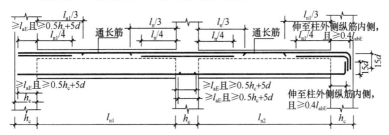

图 6-44 纵筋在端支座直锚和弯锚构造

上、下部通长筋长度＝通跨净长 l_n＋左 $\max(l_{aE}, 0.5h_c+5d)$＋右 h_c－保护层厚度＋$15d$

6.2.2 框架梁下部非通长筋翻样

（1）两端端支座均为直锚

两端端支座均为直锚钢筋构造，见图 6-42。

边跨下部非通长筋长度＝净长 l_{n1}＋左 $\max(l_{aE}，0.5h_c＋5d)$＋右 $\max(l_{aE}，0.5h_c＋5d)$

中间跨下部非通长筋长度净长 l_{n2}＋左 $\max(l_{aE}，0.5h_c＋5d)$＋右 $\max(l_{aE}，0.5h_c＋5d)$

（2）两端端支座均为弯锚

两端端支座均为弯锚钢筋构造，如图 6-43 所示。

边跨下部非通长筋长度＝净长 l_{n1}＋左 h_c－保护层厚度＋右 $\max(l_{aE}，0.5h_c＋5d)$

中间跨下部非通长筋长度净长 l_{n2}＋左 $\max(l_{aE}，0.5h_c＋5d)$＋右 $\max(l_{aE}，0.5h_c＋5d)$

6.2.3　框架梁下部纵筋不伸入支座翻样

不伸入支座梁下部纵筋构造，如图 6-34 所示。

框架梁下部纵筋不伸入支座长度＝净跨长 l_n－0.1×2 净跨长 l_n＝0.8 净跨长 l_n

框支梁不可套用图 6-34。

6.2.4　框架梁箍筋翻样

框架梁箍筋构造，如图 6-30 所示。

一级抗震：

箍筋加密区长度 l_1＝$\max(2.0h_b，500)$

箍筋根数＝2×[$(l_1－50)$/加密区间距＋1]＋$(l_n－l_1)$/非加密区间距－1

二～四级抗震：

箍筋加密区长度 l_2＝$\max(1.5h_b，500)$

箍筋根数＝2×[$(l_2－50)$/加密区间距＋1]＋$(l_n－l_2)$/非加密区间距－1

箍筋预算长度＝$(b＋h)$×2－8×c＋2×1.9d＋$\max(10d，75)$×2＋8d

箍筋下料长度＝$(b＋h)$×2－8×c＋2×1.9d＋$\max(10d，75)$×2＋8d－3×1.75d

$$内箍预算长度＝\{[(b-2\times c-D)/n-1]\times j+D\}\times 2+2$$
$$\times(h-c)+2\times 1.9d+\max(10d,75)\times 2+8d$$

$$内箍下料长度＝\{[(b-2\times c-D)/n-1]\times j+D\}\times 2+2$$
$$\times(h-c)+2\times 1.9d+\max(10d,75)\times 2+8d$$
$$-3\times 1.75d$$

其中，b——梁宽度；

$\quad\quad$ h——梁高度；

$\quad\quad$ c——混凝土保护层厚度；

$\quad\quad$ d——箍筋直径；

$\quad\quad$ n——纵筋根数；

$\quad\quad$ D——纵筋直径；

$\quad\quad$ j——内箍挡数，j＝内箍内梁纵筋数量－1。

6.2.5 框架梁附加箍筋、吊筋翻样

1. 附加箍筋

框架梁附加箍筋构造，如图 6-31 所示。

附加箍筋间距为 $8d$（为箍筋直径），且不大于梁正常箍筋间距。

附加箍筋根数如果设计注明，则按设计；设计只注明间距而未注写具体数量，按平法构造。

$$附加箍筋根数＝2\times[(主梁高-次梁高+次梁宽-50)/$$
$$附加箍筋间距+1]$$

2. 附加吊筋

框架梁附加吊筋构造，如图 6-32 所示。

$$附加吊筋长度＝次梁宽+2\times 50+2\times(主梁高-保护层厚度)/$$
$$\sin 45°(60°)+2\times 20d$$

6.2.6 非框架梁钢筋翻样

非框架梁钢筋构造，如图 6-45 所示。

$$非框架梁上部纵筋长度＝通跨净长 l_n+左支座宽+右支座宽$$
$$-2\times 保护层厚度+2\times 15d$$

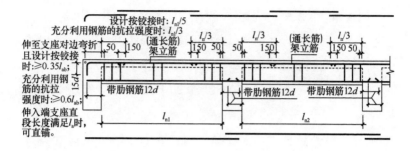

图 6-45 非框架梁钢筋构造

1. 非框架梁为弧形梁时

当非框架梁直锚时：

$$下部通长筋长度 = 通跨净长 l_n + 2 \times l_a$$

当非框架梁不为直锚时：

下部通长筋长度 $=$ 通跨净长 $l_n +$ 左支座宽 $+$ 右支座宽 -2

$$\times 保护层厚度 + 2 \times 15d$$

非框架梁端支座负筋长度 $= l_n/3 +$ 支座宽 $-$ 保护层厚度 $+ 15d$

非框架梁中间支座负筋长度 $= \max\,(l_n/3,\ 2l_n/3) +$ 支座宽

2. 非框架梁为直梁时

$$下部通长筋长度 = 通跨净长 l_n + 2 \times 12d$$

当端支座为柱、剪力墙、框支梁或深梁时，

非框架梁端支座负筋长度 $= l_n/3 +$ 支座宽 $-$ 保护层厚度 $+ 15d$

非框架梁中间支座负筋长度 $= \max\,(l_n/3,\ 2l_n/3) +$ 支座宽

6.2.7 框支梁钢筋翻样

框支梁钢筋构造，如图 6-46 所示。

框支梁上部纵筋长度 $=$ 梁总长 $- 2 \times$ 保护层厚度 $+ 2$

$$\times 梁高 h + 2 \times l_{aE}$$

当框支梁下部纵筋为直锚时，

框支梁下部纵筋长度 $=$ 梁跨净长 $l_n +$ 左 $\max\,(l_{aE},\ 0.5h_c$

$$+ 5d) + 右 \max\,(l_{aE},\ 0.5h_c + 5d)$$

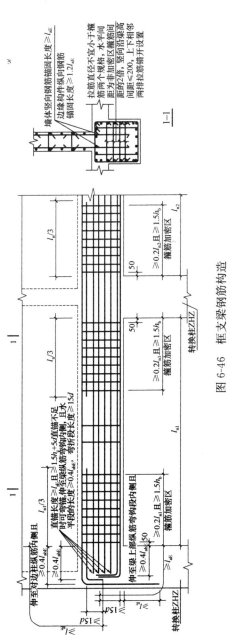

图 6-46 框支梁钢筋构造

当框支梁下部纵筋不为直锚时，

框支梁下部纵筋长度＝梁总长－2×保护层厚度＋2×15d

框支梁箍筋数量＝2×[max(0.2l_{n1}，1.5h_b)/加密区间距
　　　　　　　　＋1]＋(l_n－加密区长度)/非加密区间距
　　　　　　　　－1

框支梁侧面纵筋同框支梁下部纵筋。

框支梁支座负筋＝max (l_{n1}/3，l_{n2}/3) ＋支座宽（第二排同第
　　　　　　　　一排）

7 板平法识图与钢筋翻样

7.1 板构件的平法识图

7.1.1 有梁楼盖板的平法识图

1. 有梁楼盖板平法施工图的表示方法

（1）定义

现浇混凝土有梁楼盖板是指以梁为支座的楼面与屋面板。

有梁楼盖板的制图规则同样适用于梁板式转换层、剪力墙结构、砌体结构、有梁地下室的楼面与屋面板的设计施工图。有梁楼盖板平法施工图，是指在楼面板和屋面板布置图上，采用平面注写的表达方式，如图 7-1 所示。板平面注写主要包括：板块集中标注和板支座原位标注。

（2）板面结构平面的坐标方向

为方便设计表达和施工识图，规定结构平面的坐标方向为：

1）当两向轴网正交布置时，图面从左至右为 x 向，从下至上为 y 向；

2）当轴网转折时，局部坐标方向顺轴网转折角度做相应转折；

3）当轴网向心布置时，切向为 x 向，径向为 y 向。

此外，对于平面布置比较复杂的区域，如轴网转折交界区域、向心布置的核心区域等，其平面坐标方向应由设计者另行规定并在图上明确表示。

2. 板块集中标注

板块集中标注的主要内容包括：板块编号，板厚，上部贯通纵筋，下部纵筋以及当板面标高不同时的标高高差。

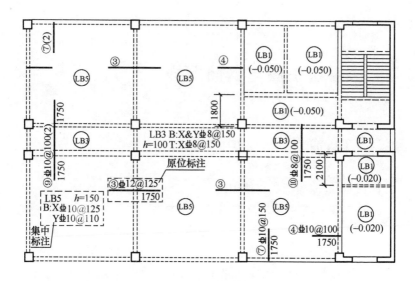

图 7-1　板平面表达方式

（1）板块编号

对于普通楼面，两向均以一跨为一板块；对于密肋楼盖，两向主梁（框架梁）均以一跨为一板块（非主梁密肋不计）。所有板块应逐一编号，相同编号的板块可择其一做集中标注，其他仅注写置于圆圈内的板编号，以及当板面标高不同时的标高高差。板块编号见表 7-1。板块编号为板代号加序号。

板块编号　　　　　　　　　　　　　表 7-1

板类型	代号	序号
楼面板	LB	××
屋面板	WB	××
悬挑板	XB	××

（2）板厚

板厚为垂直于板面的厚度，用 "$h=×××$" 表示；当悬挑板的端部改变截面厚度时，用斜线分隔根部与端部的高度值，注写为 $h=×××/×××$；当设计已在图注中统一注明板厚时，此项可不注。

（3）纵筋

纵筋按板块的下部纵筋和上部贯通纵筋分别注写（当板块上部不设贯通纵筋时则不注），并以 B 代表下部纵筋，以 T 代表上部贯通纵筋，B&T 代表下部与上部；x 向纵筋以 X 打头，y 向纵筋以 Y 打头，两向纵筋配置相同时则以 X&Y 打头。

当为单向板时，分布筋可不必注写，而在图中统一注明。

当在某些板内（例如悬挑板 XB 的下部）配置有构造钢筋时，则 x 向以 xc，y 向以 yc 打头注写。

当 y 向采用放射配筋时（切向为 x 向，径向为 y 向），设计者应注明配筋间距的定位尺寸。

当纵筋采用两种规格钢筋"隔一布一"方式时，表达为，$xx/yy@\times\times\times$，表示直径为 xx 的钢筋和直径为 yy 的钢筋间距相同，两者组合后的实际间距为 $\times\times\times$。直径 xx 的钢筋的间距为 $\times\times\times$ 的 2 倍，直径 yy 的钢筋的间距为 $\times\times\times$ 的 2 倍。

3. 板支座原位标注

（1）原位标注的内容

板支座原位标注的内容：板支座上部非贯通纵筋和悬挑板上部受力钢筋。

（2）表达方式

板支座原位标注的钢筋，应在配置相同跨的第一跨表达（当在梁悬挑部位单独配置时则在原位表达）。

表达方式：在配置相同跨的第一跨（或梁悬挑部位），垂直于板支座（梁或墙）绘制一段适宜长度的中粗实线（当该筋通长设置在悬挑板或短跨板上部时，实线段应画至对边或贯通短跨），以该线段代表支座上部非贯通纵筋，并在线段上方注写钢筋编号（如①、②等）、配筋值、横向连续布置的跨数（注写在括号内，当为一跨时可不注），以及是否横向布置到梁的悬挑端。

（3）非贯通纵筋的布置方式

板支座上部非贯通纵筋自支座边线向跨内的伸出长度，注写在线段的下方位置。

当中间支座上部非贯通纵筋向支座两侧对称伸出时，可仅在支座一侧线段下方标注伸出长度，另一侧不注，见图7-2。

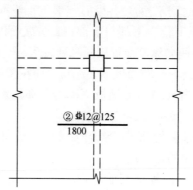

图 7-2　板支座上部非贯通纵筋对称伸出

当向支座两侧非对称伸出时，应分别在支座两侧线段下方注写伸出长度，见图7-3。

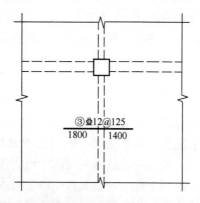

图 7-3　板支座上部非贯通纵筋非对称伸出

对线段画至对边贯通全跨或贯通全悬挑长度的上部通长纵筋，贯通全跨或伸出至全悬挑一侧的长度值不注，只注明非贯通纵筋另一侧的伸出长度值，见图7-4。

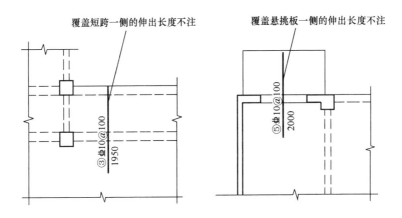

图 7-4　板支座非贯通纵筋贯通全跨或伸出至悬挑端

当板支座为弧形，支座上部非贯通纵筋呈放射状分布时，设计者应注明配筋间距的度量位置并加注"放射分布"四字，必要时应补绘平面配筋图，见图 7-5。

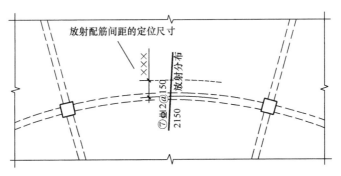

图 7-5　弧形支座处放射配筋

关于悬挑板的注写方式见图 7-6。当悬挑板端部厚度不小于 150mm 时，施工应按标准构造详图执行。当设计采用与本标准构造详图不同的做法时，应另行注明。

在板平面布置图中，不同部位的板支座上部非贯通纵筋及悬挑板上部受力钢筋，可仅在一个部位注写，对其他相同者则仅需

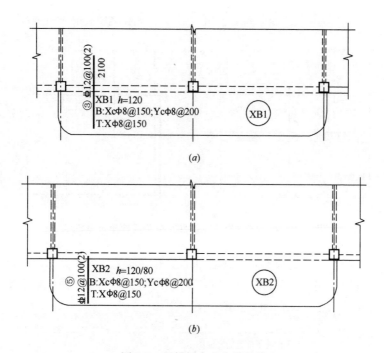

图 7-6　悬挑板支座非贯通筋

在代表钢筋的线段上注写编号及按本条规则注写横向连续布置的跨数即可。

此外，与板支座上部非贯通纵筋垂直且绑扎在一起的构造钢筋或分布钢筋，应由设计者在图中注明。

当板的上部已配置有贯通纵筋，但需增配板支座上部非贯通纵筋时，应结合已配置的同向贯通纵筋的直径与间距采取"隔一布一"方式配置。

"隔一布一"方式，为非贯通纵筋的标注间距与贯通纵筋相同，两者组合后的实际间距为各自标注间距的 1/2。

7.1.2　无梁楼盖板的平法识图

1. 无梁楼盖板平法施工图的表示方法

现浇混凝土无梁楼盖板是指以柱为支座的楼面与屋面板。

无梁楼盖平法施工图是在楼面板和屋面板布置图上，采用平面注写的表达方式。

板平面注写主要有两部分内容：板带集中标注、板带支座原位标注。如图 7-7 所示。

2. 板带集中标注

板带集中标注的主要内容包括：板带编号、板带厚、板带宽和贯通纵筋。集中标注应在板带贯通纵筋配置相同跨的第一跨（x 向为左端跨，y 向为下端跨）注写。相同编号的板带可择其一做集中标注，其他仅注写板带编号。

（1）板带编号

板带编号的表达形式见表 7-2。

板带编号　　　　　　　　　　　　　　　　　表 7-2

板带类型	代号	序号	跨数及有无悬挑
柱上板带	ZSB	××	（××）、（××A）或（××B）
跨中板带	KZB	××	（××）、（××A）或（××B）

注：1. 跨数按柱网轴线计算（两相邻柱轴线之间为一跨）。

　　2.（××A）为一端有悬挑，（××B）为两端有悬挑，悬挑不计入跨数。

（2）板带厚及板带宽

板带厚注写为 $h=×××$，板带宽注写为 $b=×××$。当无梁楼盖整体厚度和板带宽度已在图中注明时，此项可不注。

（3）贯通纵筋

贯通纵筋按板带下部和板带上部分别注写，并以 B 代表下部，T 代表上部，B&T 代表下部和上部。当采用放射配筋时，设计者应注明配筋间距的度量位置，必要时补绘配筋平面图。

当局部区域的板面标高与整体不同时，应在无梁楼盖的板平法施工图上注明板面标高高差及分布范围。

3. 板带支座原位标注

板带支座原位标注的具体内容为：板带支座上部非贯通纵筋。

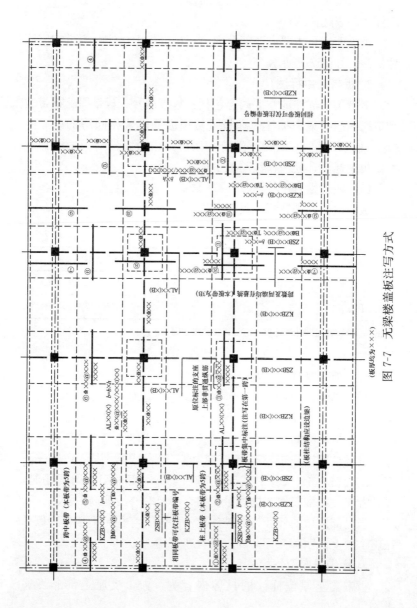

图 7-7 无梁楼盖板注写方式

以一段与板带同向的中粗实线段代表板带支座上部非贯通纵筋；对柱上板带，实线段贯穿柱上区域绘制；对跨中板带，实线段横贯柱网轴线绘制。在线段上注写钢筋编号（如①、②等）、配筋值及在线段的下方注写自支座中线向两侧跨内的伸出长度。

当板带支座非贯通纵筋自支座中线向两侧对称伸出时，其伸出长度可仅在一侧标注；当配置在有悬挑端的边柱上时，该筋伸出到悬挑尽端，设计不注。当支座上部非贯通纵筋呈放射分布时，设计者应注明配筋间距的定位位置。

不同部位的板带支座上部非贯通纵筋相同者，可仅在一个部位注写，其余则在代表非贯通纵筋的线段上注写编号。

当板带上部已经配有贯通纵筋，但需增加配置板带支座上部非贯通纵筋时，应结合已配同向贯通纵筋的直径与间距，采取"隔一布一"的方式配置。

4. 暗梁的表示方法

暗梁平面注写包括暗梁集中标注、暗梁支座原位标注两部分内容。施工图中在柱轴线处画中粗虚线表示暗梁。

（1）暗梁集中标注

暗梁集中标注包括暗梁编号、暗梁截面尺寸（箍筋外皮宽度×板厚）、暗梁箍筋、暗梁上部通长筋或架立筋四部分内容。暗梁编号见表 7-3，其他注写方式同梁构件平面注写中的集中标注方式（见第 6 章）。

暗梁编号 表 7-3

构件类型	代号	序号	跨数及有无悬挑
暗梁	AL	××	（××）、（××A）或（××B）

注：1. 跨数按柱网轴线计算（两相邻柱轴线之间为一跨）。

2. （××A）为一端有悬挑，（××B）为两端有悬挑，悬挑不计入跨数。

（2）暗梁支座原位标注

暗梁支座原位标注包括梁支座上部纵筋、梁下部纵筋。当在暗梁上集中标注的内容不适用于某跨或某悬挑端时，则将其不同数值标注在该跨或该悬挑端，施工时按原位注写取值。注写方式同梁构件平面注写中的原位标注方式（见第 6 章）。

当设置暗梁时，柱上板带及跨中板带标注方式与板带集中标注和板支座原位标注的内容一致。柱上板带标注的配筋仅设置在暗梁之外的柱上板带范围内。

暗梁中纵向钢筋连接、锚固及支座上部纵筋的伸出长度等要求同轴线处柱上板带中纵向钢筋。

7.1.3 楼板相关构造的平法识图

1. 楼板相关构造类型与表达方法

楼板相关构造的平法施工图设计，是在板平法施工图上采用直接引注方式表达。

楼板相关构造类型与编号，见表 7-4。

楼板相关构造类型与编号　　　　　表 7-4

构造类型	代号	序号	说明
纵筋加强带	JQD	××	以单向加强纵筋取代原位置配筋
后浇带	HJD	××	有不同的留筋方式
柱帽	ZM×	××	适用于无梁楼盖
局部升降板	SJB	××	板厚及配筋所在板相同；构造升降高度≤300mm
板加腋	JY	××	腋高与腋宽可选注
板开洞	BD	××	最大边长或直径<1000mm；加强筋长度有全跨贯通和自洞边锚固两种
板翻边	FB	××	翻边高度≤300mm
角部加强筋	Crs	××	以上部双向非贯通加强钢筋取代原位置的非贯通配筋
悬挑板阴角附加筋	Cis	××	板悬挑阴角上部斜向附加钢筋
悬挑板阳角放射筋	Ces	××	板悬挑阳角上部放射筋
抗冲切箍筋	Rh	××	通常用于无柱帽无梁楼盖的柱顶
抗冲切弯起筋	Rb	××	通常用于无柱帽无梁楼盖的柱顶

196

2. 楼板相关构造直接引注

（1）纵筋加强带

纵筋加强带的平面形状及定位由平面布置图表达，加强带内配置的加强贯通纵筋等由引注内容表达。

纵筋加强带设单向加强贯通纵筋，取代其所在位置板中原配置的同向贯通纵筋。根据受力需要，加强带贯通纵筋可在板下部配置，也可在板下部和上部均设置。纵筋加强带的引注见图7-8。

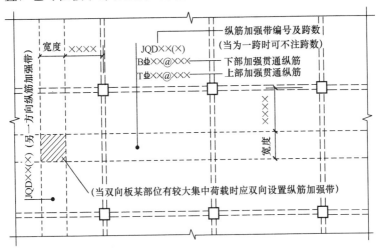

图 7-8　纵筋加强带 JQD 引注图示

当板下部和上部均设置加强贯通纵筋，而板带上部横向无配筋时，加强带上部横向配筋应由设计者注明。

当将纵筋加强带设置为暗梁形式时应注写箍筋，其引注见图 7-9。

（2）后浇带

后浇带的平面形状及定位由平面布置图表达，后浇带留筋方式等由引注内容表达，包括：

1）后浇带编号及留筋方式代号。后浇带的两种留筋方式，分别为：贯通和 100% 搭接。

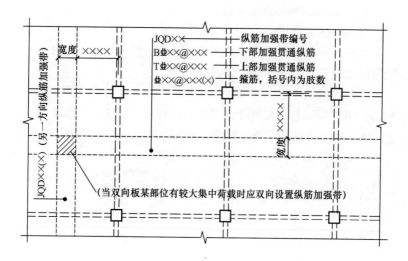

图 7-9 纵筋加强带 JQD 引注图示（暗梁形式）

2）后浇混凝土的强度等级 C××。宜采用补偿收缩混凝土，设计应注明相关施工要求。

3）当后浇带区域留筋方式或后浇混凝土强度等级不一致时，设计者应在图中注明与图示不一致的部位及做法。

后浇带引注如图 7-10 所示。

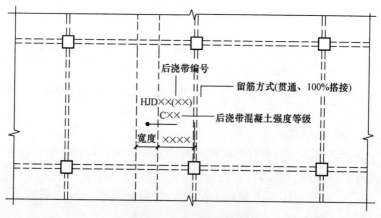

图 7-10　后浇带引注图示

贯通钢筋的后浇带宽度通常取大于或等于 800mm；100％搭接钢筋的后浇带宽度通常取 800mm 与（l_l + 60mm 或 l_{lE} + 60mm）的较大值（l_l、l_{lE} 分别为受拉钢筋搭接长度、受拉钢筋抗震搭接长度）。

（3）柱帽

柱帽引注见图 7-11～图 7-14。柱帽的平面形状有矩形、圆形或多边形等，其平面形状由平面布置图表达。

柱帽的立面形状有单倾角柱帽 ZMa（图 7-11）、托板柱帽 ZMb（图 7-12）、变倾角柱帽 ZMc（图 7-13）和倾角托板柱帽 ZMab（图 7-14）等，其立面几何尺寸和配筋由具体的引注内容表达。图中 c_1、c_2 当 x、y 方向不一致时，应标注（$c_{1,x}$，$c_{1,y}$）、（$c_{2,x}$，$c_{2,y}$）。

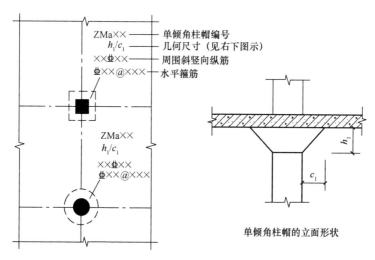

图 7-11　单倾角柱帽 ZMa 引注图示

（4）局部升降板

局部升降板的引注见图 7-15。局部升降板的平面形状及定位由平面布置图表达，其他内容由引注内容表达。

199

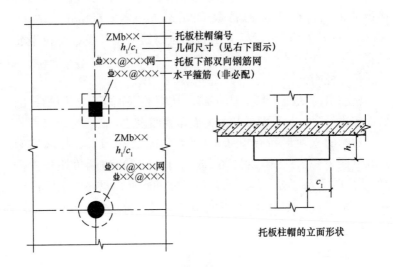

ZMb×× —————— 托板柱帽编号
h_1/c_1 —————— 几何尺寸（见右下图示）
Φ××@×××网 —————— 托板下部双向钢筋网
Φ××@××× —————— 水平箍筋（非必配）

ZMb××
h_1/c_1
Φ××@×××网
Φ××@×××

托板柱帽的立面形状

图 7-12　托板柱帽 ZMb 引注图示

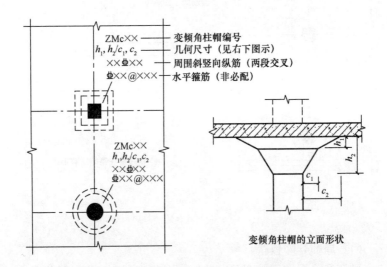

ZMc×× —————— 变倾角柱帽编号
h_1, h_2/c_1, c_2 —————— 几何尺寸（见右下图示）
××Φ×× —————— 周围斜竖向纵筋（两段交叉）
Φ××@××× —————— 水平箍筋（非必配）

ZMc××
h_1, h_2/c_1, c_2
××Φ××
Φ××@×××

变倾角柱帽的立面形状

图 7-13　变倾角柱帽 ZMc 引注图示

200

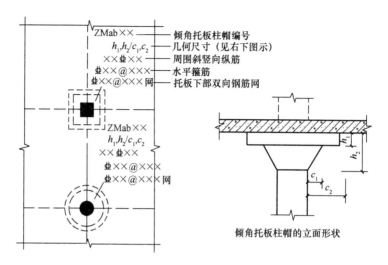

图 7-14 倾角托板柱帽 ZMab 引注图示

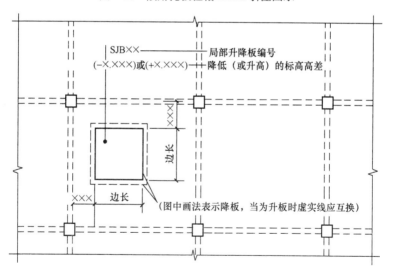

图 7-15 局部升降板 SJB 引注图示

局部升降板的板厚、壁厚和配筋，在标准构造详图中取与所在板块的板厚和配筋相同，设计不用注明；当采用不同板厚、壁厚和配筋时，设计应补充绘制截面配筋图。

局部升降板升高与降低的高度限定为小于或等于 300mm。当高度大于 300mm 时，设计应补充绘制截面配筋图。

设计应注意：局部升降板的下部与上部配筋均应设计为双向贯通纵筋。

（5）板加腋

板加腋的引注见图 7-16。板加腋的位置与范围由平面布置图表达，腋宽、腋高等由引注内容表达。

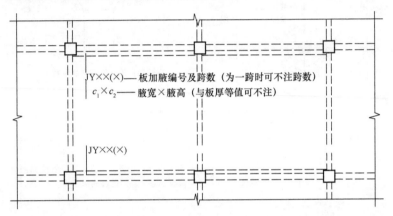

图 7-16　板加腋引注图示

当为板底加腋时腋线应为虚线，当为板面加腋时腋线应为实线；当腋宽与腋高同板厚时，设计不用注明。加腋配筋按标准构造详图，设计不用注明；当加腋配筋与标准构造不同时，设计应补充绘制截面配筋图。

（6）板开洞

板开洞的引注见图 7-17。板开洞的平面形状及定位由平面布置图表达，洞的几何尺寸等由引注内容表达。

当矩形洞口边长或圆形洞口直径小于或等于 1000mm，且当洞边无集中荷载作用时，洞边补强钢筋可按标准构造详图的规定设置，设计不用注明；当洞口周边补强钢筋不伸至支座时，应在图中画出所有补强钢筋，并标注不伸至支座的钢筋长度。当具体

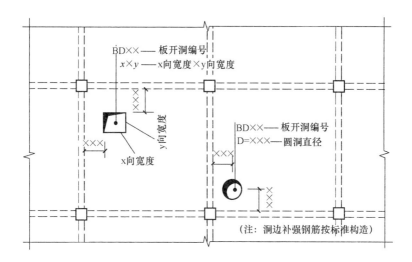

图 7-17　板开洞 BD 引注图示

工程所需要的补强钢筋与标准构造详图不同时，设计应加以注明。

当矩形洞口边长或圆形洞口直径大于 1000mm，或虽小于或等于 1000mm 但洞边有集中荷载作用时，设计应根据具体情况采取相应的处理措施。

（7）板翻边

板翻边的引注见图 7-18。板翻边可为上翻也可为下翻，翻边尺寸等在引注内容中表达，翻边高度在标准构造详图中为小于或等于 300mm。当翻边高度大于 300mm 时，由设计者自行处理。

（8）角部加强筋

角部加强筋的引注见图 7-19。角部加强筋通常用于板块角区的上部，根据国家现行标准的有关规定选择配置。角部加强筋将在其分布范围内取代原配置的板支座上部非贯通纵筋，当其分布范围内配有板上部贯通纵筋时则间隔布置。

（9）悬挑板阴角附加筋

悬挑板阴角附加筋 Cis 的引注见图 7-20。悬挑板阴角附加筋系指在悬挑板的阴角部位斜放的附加钢筋，该附加钢筋设置在板上部悬挑受力钢筋的下面，自阴角位置向内分布。

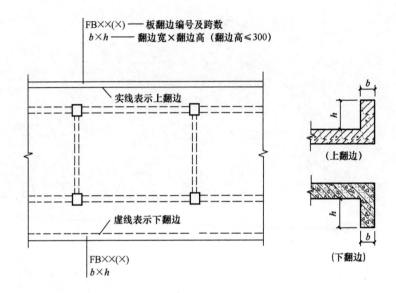

图 7-18　板翻边 FB 引注图示

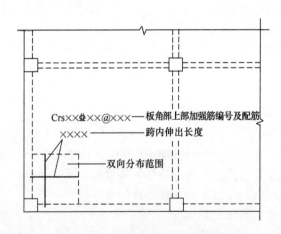

图 7-19　角部加强筋 Crs 引注图示

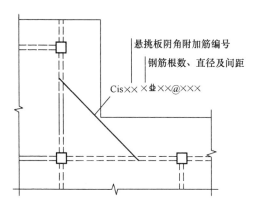

图 7-20　悬挑板阴角附加筋 Cis 引注图示

（10）悬挑板阳角附加筋

悬挑板阳角附加筋的引注见图 7-21～图 7-23。构造筋 Ces 的根数按图 7-23 的原则确定，其中 $a \leqslant 200\text{mm}$。

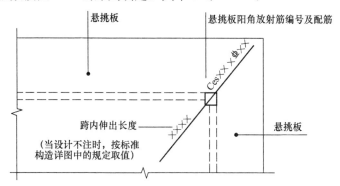

图 7-21　悬挑板阳角附加筋 Ces 引注图示（一）

（11）抗冲切箍筋

抗冲切箍筋的引注见图 7-24。抗冲切箍筋通常在无柱帽无梁楼盖的柱顶部位设置。

（12）抗冲切弯起筋

抗冲切弯起筋的引注见图 7-25。抗冲切弯起筋通常在无柱帽无梁楼盖的柱顶部位设置。

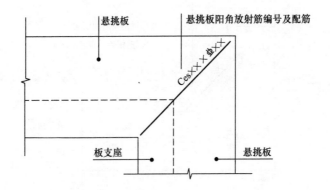

图 7-22 悬挑板阳角附加筋 Ces 引注图示（二）

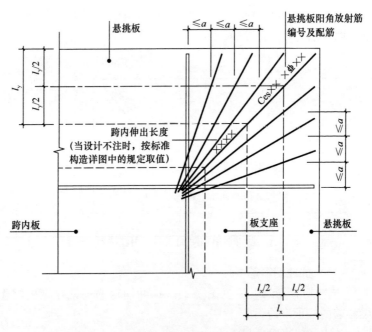

图 7-23 悬挑板阳角放射筋 Ces 引注图示（三）

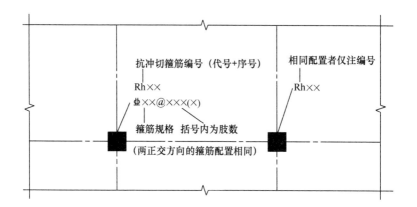

图 7-24 抗冲切箍筋 Rh 引注图示

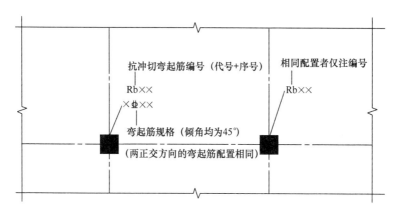

图 7-25 抗冲切弯起筋 Rb 引注图示

7.1.4 板构件标准构造详图

1. 有梁楼盖楼面板和屋面板钢筋构造

有梁楼盖楼面板和屋面板钢筋构造，如图 7-26 所示。

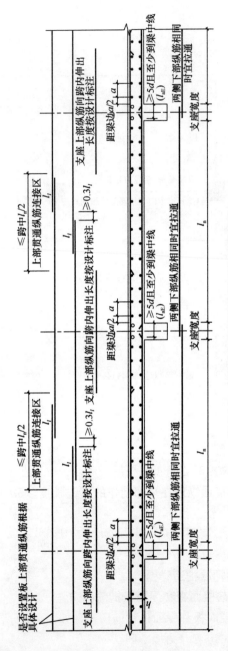

图 7-26 有梁楼盖楼面板和屋面板钢筋构造

208

有梁楼盖楼面板和屋面板钢筋构造要求：

（1）下部纵筋

与支座垂直的贯通纵筋：伸入支座 $5d$ 且至少到梁中线；

与支座同向的贯通纵筋：第一根钢筋在距梁边 $a/2$ 处开始设置。

（2）上部纵筋

1）非贯通纵筋。向跨内伸出长度详见设计标注。

2）贯通纵筋

① 与支座垂直的贯通纵筋。贯通跨越中间支座，上部贯通纵筋连接区在跨中 $1/2$ 跨度范围之内；相邻等跨或不等跨的上部贯通纵筋配置不同时，应将配置较大者越过其标注的跨数终点或起点延伸至相邻跨的跨中连接区域连接。

② 与支座同向的贯通纵筋

第一根钢筋在距梁边 $a/2$ 处开始设置。

2. 楼面板和屋面板端部钢筋构造

有梁楼盖楼面板和屋面板端部支座的锚固构造如图 7-27 所示。

（1）端部支座为梁

1）普通楼屋面板端部构造

① 板上部贯通纵筋伸至梁外侧角筋的内侧弯钩，弯折长度为 $15d$。当设计按铰接时，弯折水平段长度 $\geq 0.35l_{ab}$；当充分利用钢筋的抗拉强度时，弯折水平段长度 $\geq 0.6l_{ab}$。

② 板下部贯通纵筋在端部制作的直锚长度 $\geq 5d$ 且至少到梁中线。

2）梁板式转换层的楼面板端部构造

① 板上部贯通纵筋伸至梁外侧角筋的内侧弯钩，弯折长度为 $15d$，弯折水平段长度 $\geq 0.6l_{abE}$。

② 梁板式转换层的板，下部贯通纵筋在端部支座的直锚长度 $\geq 0.6l_{abE}$。

（2）端部支座为剪力墙中间层

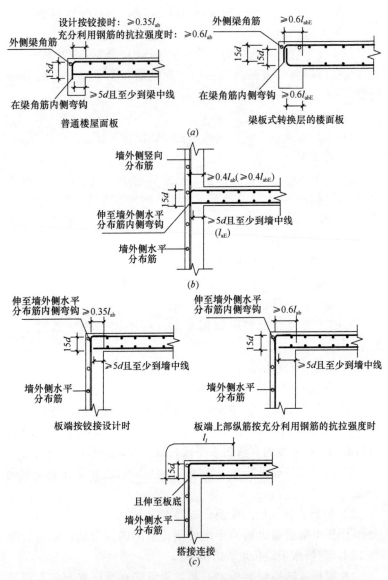

图 7-27　有梁楼盖楼面板和屋面板端部支座的锚固构造

(a) 端部支座为梁；(b) 端部支座为剪力墙中间层；(c) 端部支座为剪力墙顶

210

1）板上部贯通纵筋伸至墙身外侧水平分布筋的内侧弯钩，弯折长度为 $15d$。弯折水平段长度 $\geqslant 0.4 l_{ab}$（$\geqslant 0.4 l_{abE}$）。

2）板下部贯通纵筋在端部支座的直锚长度 $\geqslant 5d$ 且至少到墙中线；梁板式转换层的板，下部贯通纵筋在端部支座的直锚长度为 l_{aE}。

3）图中括号内的数值用于梁板式转换层的板。当板下部纵筋直锚长度不足时可弯锚，见图 7-28。

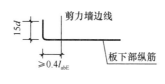

图 7-28

（3）端部支座为剪力墙顶

1）板端按铰接设计时，板上部贯通纵筋伸至墙身外侧水平分布筋的内侧弯钩，弯折长度为 $15d$。弯折水平段长度 $\geqslant 0.35 l_{ab}$；板下部贯通纵筋在端部支座的直锚长度 $\geqslant 5d$ 且至少到墙中线。

2）板端上部纵筋按充分利用钢筋的抗拉强度时，板上部贯通纵筋伸至墙身外侧水平分布筋的内侧弯钩，弯折长度为 $15d$。弯折水平段长度 $\geqslant 0.6 l_{ab}$；板下部贯通纵筋在端部支座的直锚长度 $\geqslant 5d$ 且至少到墙中线。

3）搭接连接时，板上部贯通纵筋伸至墙身外侧水平分布筋的内侧弯钩，且伸至板底，搭接长度为 l_l，弯折水平段长度为 $15d$；板下部贯通纵筋在端部支座的直锚长度 $\geqslant 5d$ 且至少到墙中线。

3. 有梁楼盖不等跨板上部贯通纵筋连接构造

有梁楼盖不等跨板上部贯通纵筋连接构造，可分为三种情况，见图 7-29。

4. 悬挑板的钢筋构造

悬挑板的钢筋构造，如图 7-30 所示。

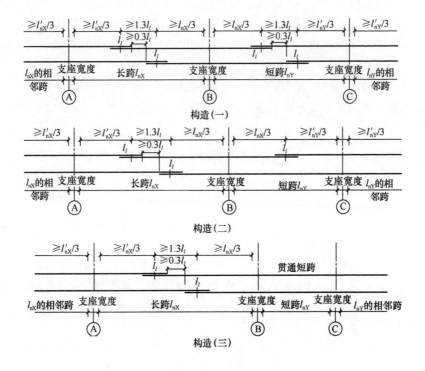

图 7-29　不等跨板上部贯通纵筋连接构造

5. 无支承板端部封边构造

无支承板端部封边构造，见图 7-31。

6. 折板配筋构造

折板配筋构造，见图 7-32。

7. 柱上板带 ZSB 纵向钢筋构造

柱上板带 ZSB 纵向钢筋构造，见图 7-33。

8. 跨中板带 KZB 纵向钢筋构造

跨中板带 KZB 纵向钢筋构造，见图 7-34。

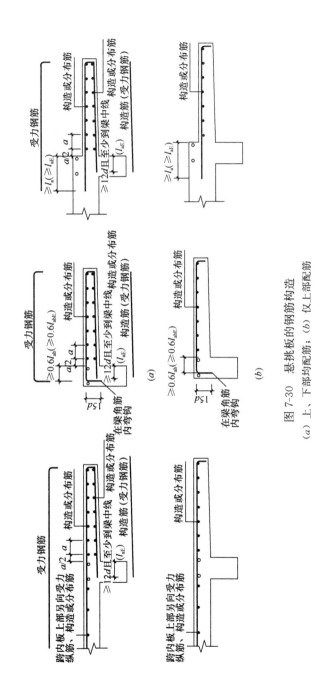

图 7-30 悬挑板的钢筋构造

(a) 上、下部均配筋；(b) 仅上部配筋

213

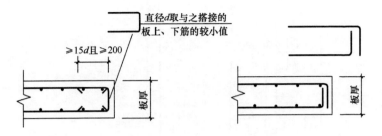

图 7-31　无支承板端部封边构造

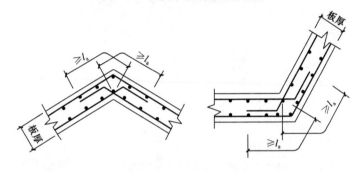

图 7-32　折板配筋构造

9. 板带端支座纵向钢筋构造

板带端支座纵向钢筋构造，见图 7-35、图 7-36。

10. 板带悬挑端纵向钢筋构造

板带悬挑端纵向钢筋构造，见图 7-37。

11. 柱上板带暗梁钢筋构造

柱上板带暗梁钢筋构造，见图 7-38。

12. 后浇带钢筋构造

（1）板后浇带钢筋构造

板后浇带钢筋构造可分为两种情况，见图 7-39。

（2）墙后浇带钢筋构造

墙后浇带钢筋构造可分为两种情况，见图 7-40。

（3）梁后浇带钢筋构造

梁后浇带钢筋构造可分为两种情况，见图 7-41。

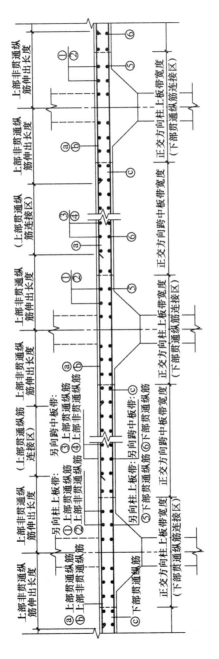

图 7-33　柱上板带 ZSB 纵向钢筋构造

215

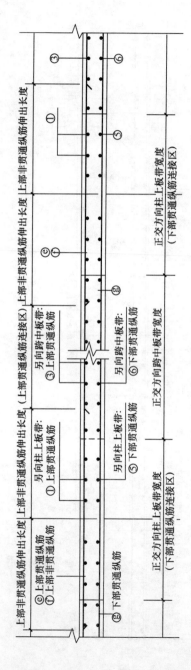

图 7-34 跨中板带 KZB 纵向钢筋构造

216

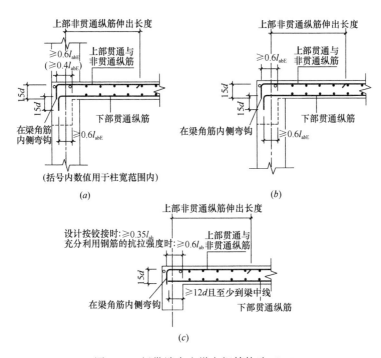

图 7-35　板带端支座纵向钢筋构造（一）

（a）柱上板带与柱、梁中间层连接；（b）柱上板带与柱、梁顶层连接；

（c）跨中板带与梁连接

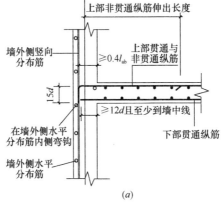

图 7-36　板带端支座纵向钢筋构造（二）

（a）跨中板带与剪力墙中间层连接

217

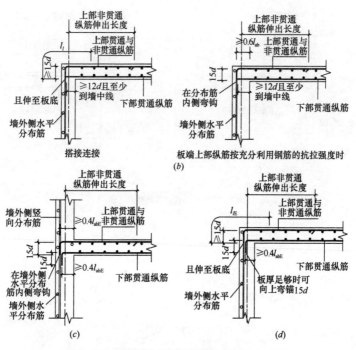

图 7-36　板带端支座纵向钢筋构造（二，续）

（b）跨中板带与剪力墙顶层连接；（c）柱上板带与剪力墙中间层连接；
（d）柱上板带与剪力墙顶层连接

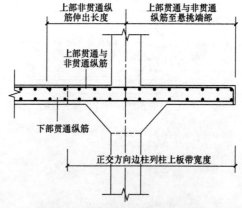

图 7-37　板带悬挑端纵向钢筋构造

218

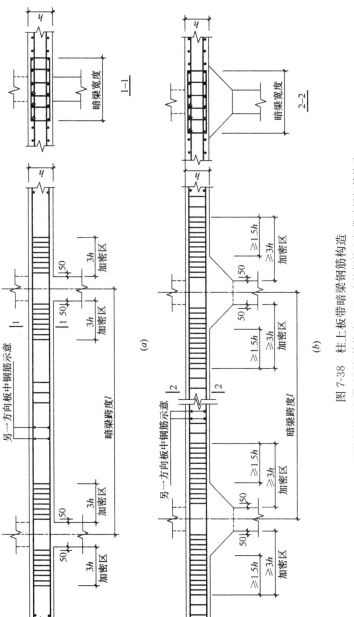

图 7-38 柱上板带暗梁钢筋构造

(a) 无柱帽柱上板带暗梁钢筋构造；(b) 有柱帽柱上板带暗梁钢筋构造

219

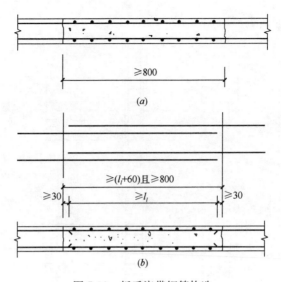

≥800

(a)

≥(l_l+60)且≥800

≥30   ≥l_l   ≥30

(b)

图 7-39 板后浇带钢筋构造

(a) 板后浇带钢筋贯通构造;(b) 板后浇带 100%

搭接钢筋构造

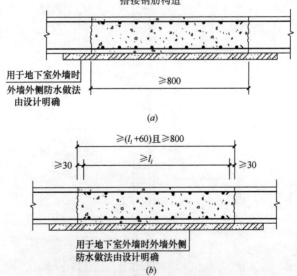

用于地下室外墙时
外墙外侧防水做法
由设计明确

≥800

(a)

≥(l_l+60)且≥800

≥30   ≥l_l   ≥30

用于地下室外墙时外墙外侧
防水做法由设计明确

(b)

图 7-40 墙后浇带钢筋构造

(a) 墙后浇带钢筋贯通构造;(b) 墙后浇带 100%搭接钢筋构造

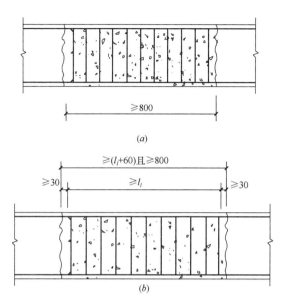

图 7-41 梁后浇带钢筋构造

（*a*）梁后浇带钢筋贯通构造；（*b*）梁后浇带 100% 搭接钢筋构造

13. 板加腋构造

板加腋构造，见图 7-42。

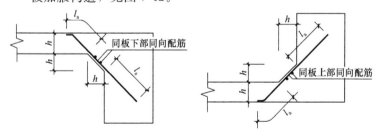

图 7-42 板加腋构造

14. 局部升降板构造

局部升降板构造可分为两种情况，见图 7-43、图 7-44。

15. 板开洞 BD 钢筋构造

（1）梁边或墙边开洞

梁边或墙边开洞时，洞边加强筋构造见图 7-45。

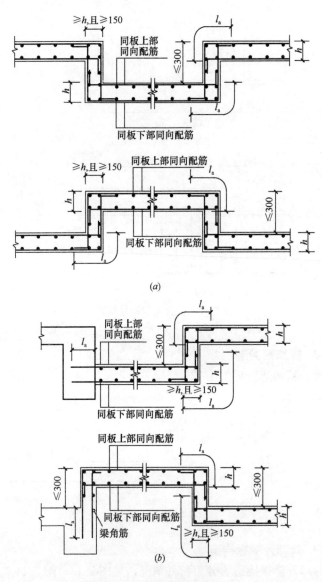

图 7-43　局部升降板构造（一）

（a）板中升降；（b）侧边为梁

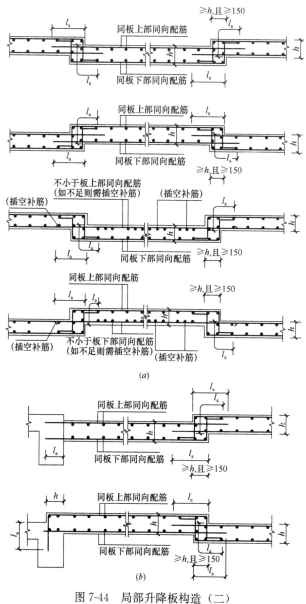

图 7-44 局部升降板构造（二）

（a）板中升降；（b）侧边为梁

223

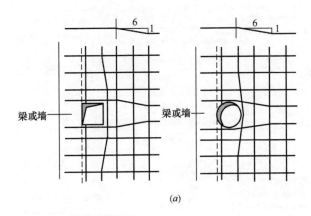

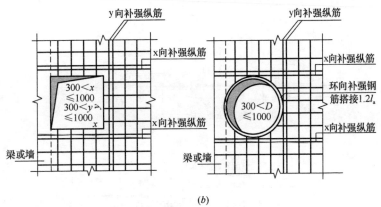

图 7-45　梁边或墙边开洞洞边加强筋构造

(a) 矩形洞边长和圆形洞直径不大于 300mm；(b) 矩形洞边长和圆形洞
直径大于 300mm 但不大于 1000mm

（2）梁交角或墙角开洞

梁交角或墙角开洞时，洞边加强筋构造见图 7-46。

（3）板中开洞

板中开洞时，洞边加强筋构造见图 7-47。

224

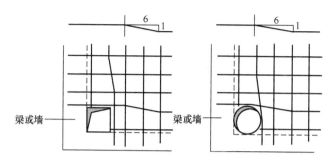

图 7-46 梁交角或墙角开洞洞边加强筋构造

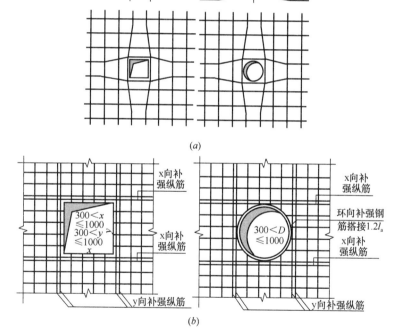

图 7-47 板中开洞

（a）矩形洞边长和圆形洞直径不大于 300mm；（b）矩形洞边长和圆形洞直径大于 300mm 但不大于 1000mm

16. 板翻边构造

板翻边构造，见图7-48。

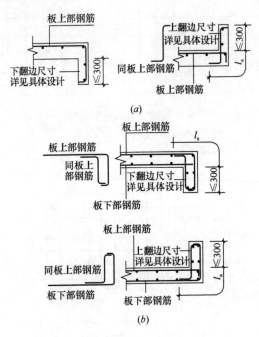

图7-48 板翻边构造

(a) 仅上部配筋；(b) 上、下部均配筋

板翻边的特点：翻边高度≤300mm，可以是上翻或下翻。

17. 悬挑板阳角放射筋构造

悬挑板阳角放射筋构造，见图7-49。

图中，l_x 与 l_y 为 x 方向与 y 方向的悬挑长度。

18. 悬挑板阴角构造

悬挑板阴角构造，见图7-50。

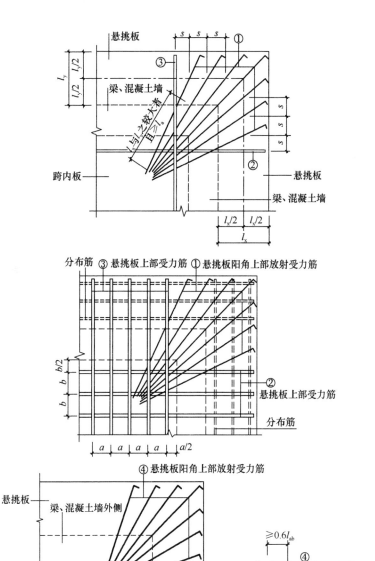

图 7-49 悬挑板阳角放射筋 C_{es} 构造

227

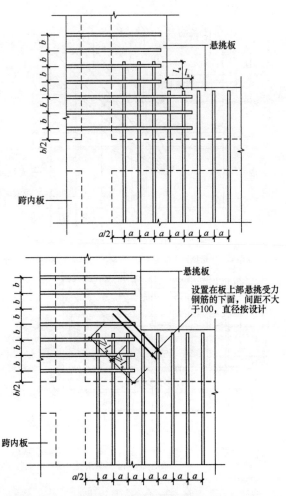

图 7-50 悬挑板阴角构造

19. 板内纵筋加强带构造

板内纵筋加强带构造,见图 7-51。

20. 柱帽构造

柱帽可分为四种,构造见图 7-52。

21. 抗冲切箍筋构造

抗冲切箍筋构造,见图 7-53。

228

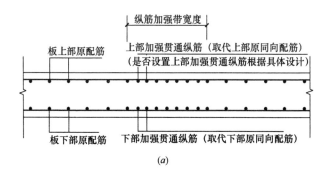

(a)

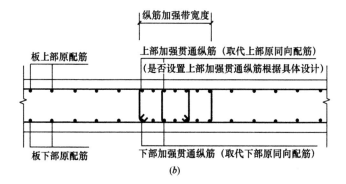

(b)

图 7-51 板内纵筋加强带构造

(a) 无暗梁时；(b) 有暗梁时

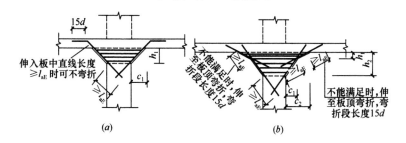

图 7-52 柱帽构造

(a) 单倾角柱帽 ZMa；(b) 变倾角柱帽 ZMc

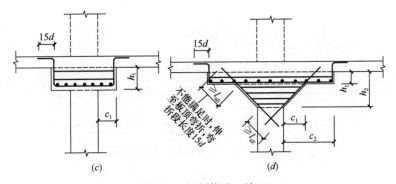

图 7-52　柱帽构造（续）

（c）托板柱帽 ZMb；（d）倾角联托板柱帽 ZMab

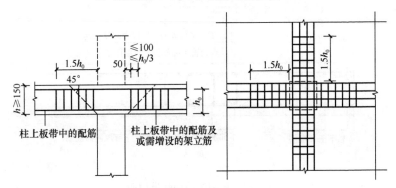

图 7-53　抗冲切箍筋 Rh 构造

22. 抗冲切弯起筋构造

抗冲切弯起筋构造，见图 7-54。

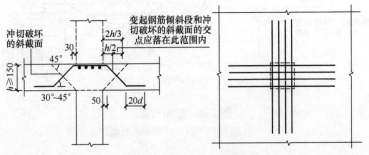

图 7-54　抗冲切弯起筋构造

7.2 板钢筋翻样

7.2.1 现浇混凝土板钢筋翻样

1. 板底筋翻样

板底筋长度翻样简图如图 7-55 所示。

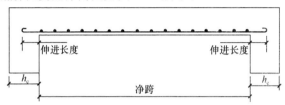

图 7-55 板底筋长翻样简图

底筋长度＝板跨净长＋伸入长度×2＋2×弯钩（底筋为 HPB300 级钢筋）

底筋深入长度有以下几种情况

（1）支座为混凝土梁、墙（图 7-56）

伸入长度＝$\max$（$0.5h_c$，$5d$）

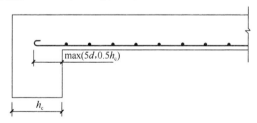

图 7-56 支座为混凝土梁、墙

h_c——支座宽度

（2）板位梁板式转换层板

伸入长度＝l_a

（3）板有支座为宽梁（图 7-57）

伸入长度＝l_a

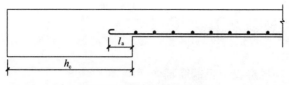

图 7-57 板有支座为宽梁

h_c——梁宽度

2. 下部纵筋翻样

下部纵筋翻样简图如图 7-58 所示。

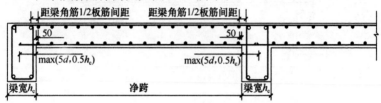

图 7-58 下部纵筋翻样简图

板纵筋根数＝（板跨净长＋2×保护层厚度＋$0.5d_1$＋$0.5d_2$
　　　　　　－板筋间距）/板筋间距＋1

其中，d_1——左支座梁角筋直径；

　　　d_2——右支座梁角筋直径。

3. 上部纵筋翻样

上部纵筋翻样简图如图 7-59 所示。

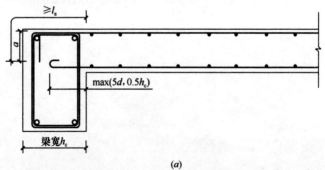

(a)

图 7-59　板上部纵筋翻样简图

(a) 端部为梁

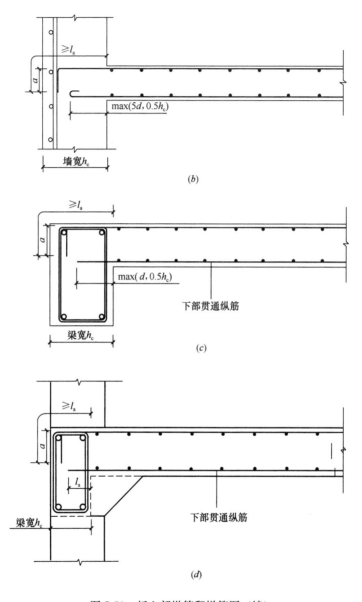

(b)

(c)

(d)

图 7-59 板上部纵筋翻样简图（续）

（b）端部为墙；（c）端部为梁；（d）柱上板带

233

板上部纵筋支座内水平投影长度＝l_a-a

如果板支座宽度较大，且远远大于锚固长度时，板上部纵筋需要弯折。

4. 中间支座负筋翻样

中间支座负筋翻样简图如图 7-60 所示。

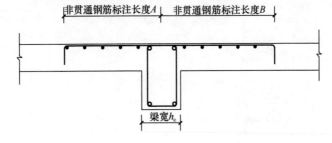

图 7-60 中间支座负筋翻样简图

$$非贯通钢筋长度＝标注长度\ A+标注长度\ B$$
$$+2\times弯折长度$$

5. 分布筋翻样

分布筋翻样简图如图 7-61 所示。

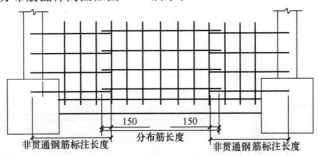

图 7-61 分布筋翻样简图

分布筋长度＝轴线长度－非贯通钢筋标注长度×2+150×2

7.2.2 柱上板带、跨中板带底筋翻样

1. 柱上板带

柱上板带底筋翻样简图如图 7-62 所示。

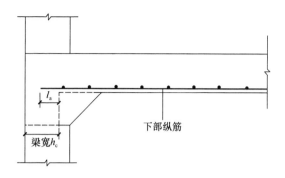

图 7-62 柱上板带底筋翻样简图

底筋长度＝板跨净长＋2×l_a＋2

×弯钩（底筋为 HPB300 级钢筋）

2. 跨中板带

跨中板带底筋翻样简图如图 7-63 所示。

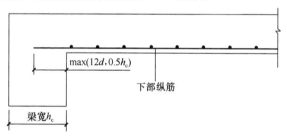

图 7-63 跨中板带底筋翻样简图

底筋长度＝板跨净长＋2×max（0.5h_c，12d）

＋2×弯钩（底筋为 HPB300 级钢筋）

7.2.3 悬挑板钢筋翻样

1. 悬挑板底筋

悬挑板底筋翻样简图如图 7-64 所示。

底筋长度＝板跨净长＋2×max（0.5h_c，12d）

＋2×弯钩（底筋为 HPB300 级钢筋）

2. 悬挑板上部纵筋

悬挑板上部纵筋翻样简图如图 7-64 所示。

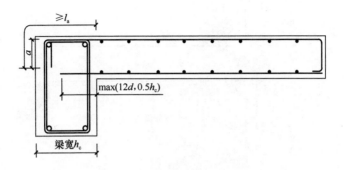

图 7-64　悬挑板钢筋翻样简图

$$上部纵筋长度＝板跨净长＋l_\mathrm{a}＋弯折(板厚$$
$$－2×保护层厚度)＋5d$$

7.2.4　折板钢筋翻样

折板底筋翻样简图如图 7-65 所示。

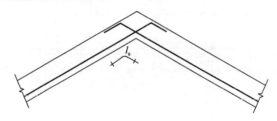

图 7-65　折板底筋翻样简图

外折角纵筋连续通过。当角度 $\alpha \geqslant 160°$ 时，内折角纵筋连续通过；当角度 $\alpha < 160°$ 时，阳角折板下部纵筋和阴角上部纵筋在内折角处交叉锚固。如果纵向受力钢筋在内折角处连续通过，纵向受力钢筋的合力会使内折角处板的混凝土保护层向外崩出，从而使钢筋失去粘结锚固力（钢筋和混凝土之间的粘结锚固力是钢筋和混凝土能够共同工作的基础），最终可能导致折断而破坏。

底筋长度＝板跨净长＋2×l_a＋2×弯钩（底筋为 HPB300 级钢筋）

8 楼梯平法识图与钢筋翻样

8.1 楼梯钢筋的平法识图

现浇混凝土板式楼梯平法施工图有平面注写、剖面注写和列表注写三种表达方式。

楼梯平面布置图，应采用适当比例集中绘制，需要时绘制其剖面图。为方便施工，在集中绘制的板式楼梯平法施工图中，宜注明各结构层的楼面标高、结构层高及相应的结构层号。

8.1.1 楼梯的分类

现浇混凝土板式楼梯包含 14 种类型，详见表 8-1。

楼梯类型

表 8-1

梯板代号	适用范围		是否参与结构整体抗震计算
	抗震构造措施	适用结构	
AT	无	剪力墙、砌体结构	不参与
BT			
CT	无	剪力墙、砌体结构	不参与
DT			
ET	无	剪力墙、砌体结构	不参与
FT			
GT	无	剪力墙、砌体结构	不参与
ATa	有	框架结构、框-剪结构中框架部分	不参与
ATb			不参与
ATc			参与
BTb	有	框架结构、框-剪结构中框架部分	不参与

梯板代号	适用范围		是否参与结构整体抗震计算
	抗震构造措施	适用结构	
CTa	有	框架结构、框-剪结构中框架部分	不参与
CTb			
DTb	有	框架结构、框-剪结构中框架部分	不参与

注：ATa、CTa 低端带滑动支座支承在梯梁上；ATb、BTb、CTb、DTb 低端带滑动支座支承在挑板上。

1. 楼梯注写

楼梯编号由梯板代号和序号组成；如 AT××、BT××、ATa××等。

2. AT～ET 型板式楼梯的特征

1）AT～ET 型板式楼梯代号代表一段无滑动支座的梯板。梯板的主体为踏步段，除踏步段之外，梯板可包括低端平板、高端平板及中位平板。

2）AT～ET 型梯板特征

AT～ET 型梯板特征见表 8-2，其截面形状与支座位置如图 8-1～图 8-5 所示。

AT～ET 型梯板特征 表 8-2

梯板代号	梯板构成方式
AT	踏步段
BT	低端平板、踏步段
CT	踏步段、高端平板
DT	低端平板、踏步段、高端平板
ET	低端踏步段、中位平板和高端踏步段

3）AT～ET 型梯板的两端分别以（低端和高端）梯梁为支座。

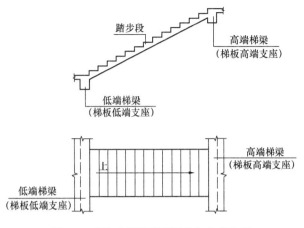

图 8-1 AT 型楼梯截面形状与支座位置

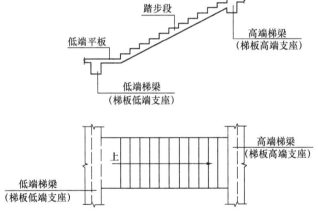

图 8-2 BT 型楼梯截面形状与支座位置

3. FT、GT 型板式楼梯的特征

（1）FT、GT 代号代表两跑踏步段和连接它们的楼层平板及层间平板的板式楼梯。

（2）FT、GT 型梯板特征

FT、GT 型梯板特征见表 8-3，其截面形状与支座位置如图 8-6、图 8-7 所示。

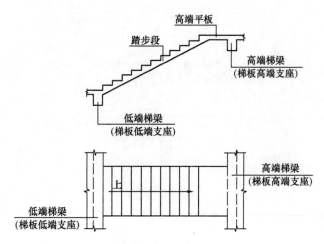

图 8-3　CT 型楼梯截面形状与支座位置

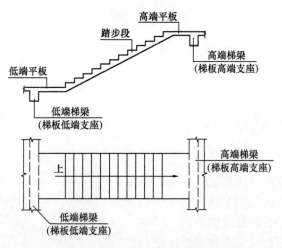

图 8-4　DT 型楼梯截面形状与支座位置

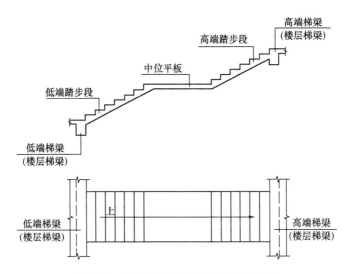

图 8-5　ET 型楼梯截面形状与支座位置

FT、GT 型梯板特征　　　　　　　表 8-3

梯板代号	梯板构成方式
FT	层间平板、踏步段、楼层平板
GT	层间平板、踏步段

（3）FT、GT 型梯板的支承方式

FT、GT 型梯板的支承方式见表 8-4，见图 8-6、图 8-7。

FT、GT 型梯板支承方式　　　　表 8-4

梯板代号	层间平板	踏步段端（楼层处）	楼层平板
FT	三边支承	—	三边支承
GT	三边支承	支承在梯梁上	—

4. ATa、ATb 型板式楼梯的特征

1）ATa（见图 8-8）、ATb 型（见图 8-9）为带滑动支座的板式楼梯。梯板全部由踏步段构成，其支承方式为梯板高端均支承在梯梁上，ATa 型梯板低端带滑动支座支承在梯梁上，ATb 型梯板低端带滑动支座支承在挑板上。

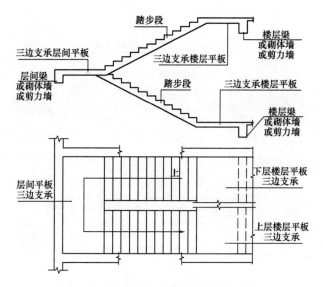

图 8-6 FT 型楼梯截面形状与支座位置
（有层间和楼层平台板的双跑楼梯）

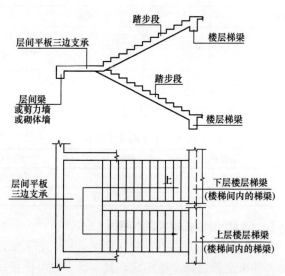

图 8-7 GT 型楼梯截面形状与支座位置
（有层间平台板的双跑楼梯）

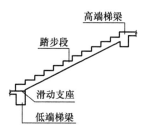

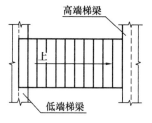

图 8-8   ATa 型楼梯截面形状与支座位置

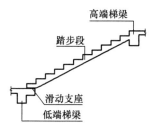

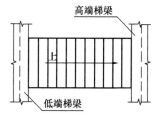

图 8-9   ATb 型楼梯截面形状与支座位置

2）ATa、ATb 型梯板采用双层双向配筋。

3）滑动支座做法见图 8-10、图 8-11，采用何种做法应由设计指定。

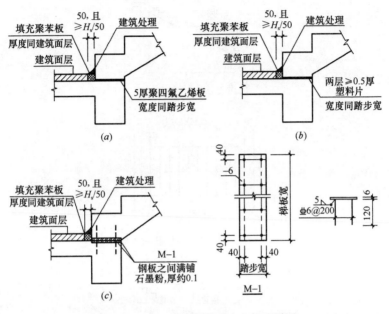

图 8-10 ATa 型楼梯滑动支座构造详图

(a) 设聚四氟乙烯垫板（用胶粘于混凝土面上）；(b) 设塑料片；(c) 预埋钢板

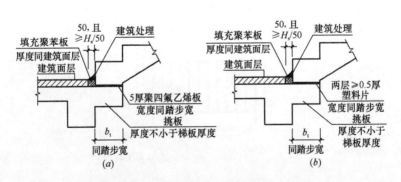

图 8-11 ATb 型楼梯滑动支座构造（一）

(a) 设聚四氟乙烯垫板（用胶粘于混凝土面上）；(b) 设塑料片

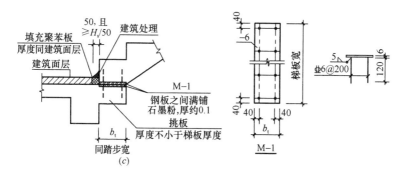

图 8-11　ATb 型楼梯滑动支座构造（二）

(c) 预埋钢板

5. ATc 型板式楼梯（图 8-12）的特征

1）梯板全部由踏步段构成，其支承方式为梯板两端均支承在梯梁上。

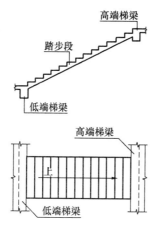

图 8-12　ATc 型楼梯截面形状与支座位置

2）楼梯休息平台与主体结构可连接（图 8-13），也可脱开（图 8-14）。

3）梯板厚度应按计算确定；梯板采用双层双向配筋。

4）梯板两侧设置边缘构件（暗梁），边缘构件的宽度取 1.5

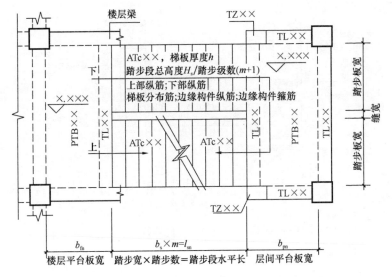

图 8-13 楼梯休息平台与主体结构整体连接

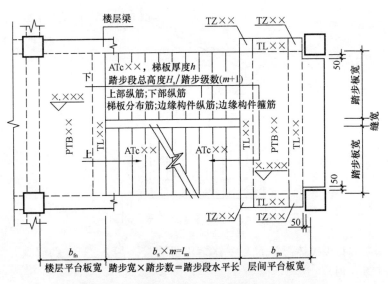

图 8-14 楼梯休息平台与主体结构脱开连接

倍板厚；边缘构件纵向钢筋数量，当抗震等级为一、二级时不少于 6 根，当抗震等级为三、四级时不少于 4 根；纵筋直径不小于 $\phi 12$ 且不小于梯板纵向受力钢筋的直径；箍筋直径不小于 $\phi 6$，间距不大于 200mm。

5）平台板按双层双向配筋。

6）ATC 型楼梯作为斜撑构件，钢筋均采用符合抗震性能要求的热轧钢筋，钢筋的抗拉强度实测值与屈服强度实测值的比值不应小于 1.25；钢筋的屈服强度实测值与屈服强度标准值的比值不应大于 1.3，且钢筋在最大拉力下的总伸长率实测值不应小于 9%。

6. BTb 型板式楼梯的特征

1）BTb 型（图 8-15）为带滑动支座的板式楼梯。梯板由踏步段和低端平板构成，其支承方式为梯板高端支承在梯梁上，梯板低端带滑动支座支承在挑板上。

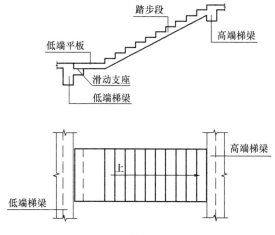

图 8-15　BTb 型楼梯截面形状与支座位置

2）BTb 型梯板采用双层双向配筋。

3）滑动支座做法如图 8-16 所示，采用何种做法应由设计指定。

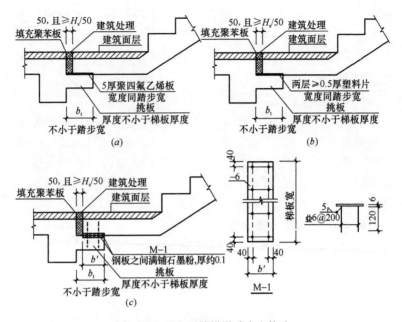

图 8-16　BTb 型楼梯滑动支座构造

（a）设聚四氟乙烯垫板（用胶粘于混凝土面上）；（b）设塑料片；（c）预埋钢板

7. CTa、CTb 型板式楼梯的特征

1）CTa、CTb 型为带滑动支座的板式楼梯。梯板由踏步段和高端平板构成，其支承方式为梯板高端均支承在梯梁上。CTa型梯板低端带滑动支座支承在梯梁上，如图 8-17 所示，CTb 型梯板低端带滑动支座支承在挑板上，如图 8-18 所示。

2）滑动支座做法见图 8-19、图 8-20，采用何种做法应由设计指定。

3）CTa、CTb 型梯板采用双层双向配筋。

8. DTb 型板式楼梯的特征

1）DTb 型（图 8-21）为带滑动支座的板式楼梯。梯板由低端平板、踏步段和高端平板构成，其支承方式为梯板高端平板支承在梯梁上，梯板低端带滑动支座支承在挑板上。

2）DTb 型梯板采用双层双向配筋。

248

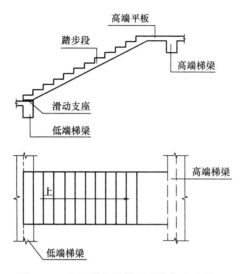

图 8-17 CTa 型楼梯截面形状与支座位置

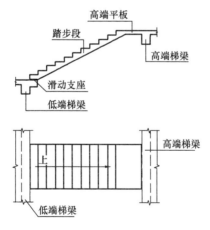

图 8-18 CTb 型楼梯截面形状与支座位置

3) 滑动支座做法如图 8-22 所示，采用何种做法应由设计指定。

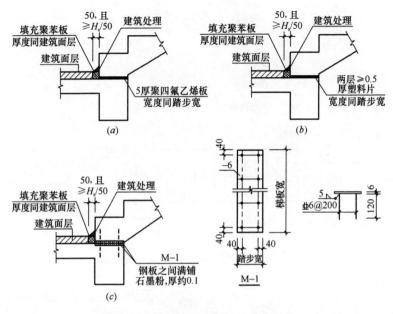

图 8-19 CTa 型楼梯滑动支座构造详图

(a) 设聚四氟乙烯垫板（用胶粘于混凝土面上）；(b) 设塑料片；(c) 预埋钢板

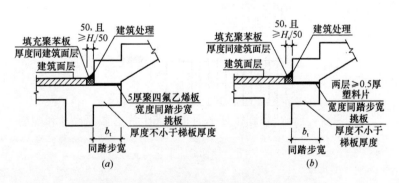

图 8-20 CTb 型楼梯滑动支座构造详图（一）

(a) 设聚四氟乙烯垫板（用胶粘于混凝土面上）；(b) 设塑料片

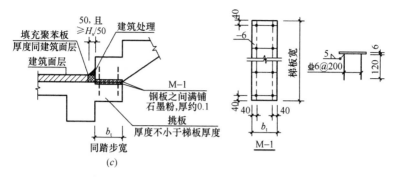

图 8-20 CTb 型楼梯滑动支座构造详图（二）

（c）预埋钢板

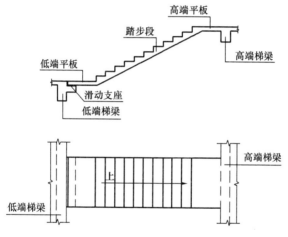

图 8-21 DTb 型楼梯截面形状与支座位置

8.1.2 平面注写方式

平面注写方式，系在楼梯平面布置图上注写截面尺寸和配筋具体数值的方式来表达楼梯施工图。包括集中标注和外围标注。

1. 集中标注

楼梯集中标注的内容包括：

1）梯板类型代号与序号，如 AT××。

2）梯板厚度，注写为 $h=×××$。当为带平板的梯板且梯

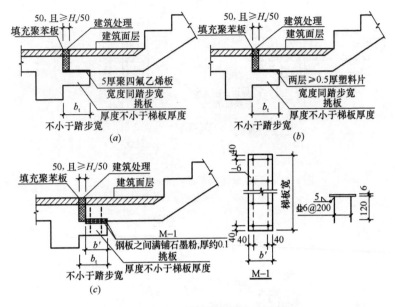

图 8-22　DTb 型楼梯滑动支座构造

(a) 设聚四氟乙烯垫板 (用胶粘于混凝土面上)；(b) 设塑料片；(c) 预埋钢板

段板厚度和平板厚度不同时，可在梯段板厚度后面括号内以字母 P 打头注写平板厚度。

3) 踏步段总高度和踏步级数，之间以"/"分隔。

4) 梯板支座上部纵向钢筋 (纵筋)、下部纵向钢筋 (纵筋)，之间以";"分隔。

5) 梯板分布筋，以 F 打头注写分布钢筋具体值，该项也可在图中统一说明。

6) 对于 ATc 型楼梯，集中标注中尚应注明梯板两侧边缘构件纵向钢筋及箍筋。

2. 外围标注

楼梯外围标注的内容，包括楼梯间的平面尺寸、楼层结构标高、层间结构标高、楼梯的上下方向、梯板的平面几何尺寸、平台板配筋、梯梁及梯柱配筋等。

8.1.3 剖面注写方式

剖面注写方式需在楼梯平法施工图中绘制楼梯平面布置图和楼梯剖面图，注写方式包含平面图注写和剖面图注写两部分。

1. 平面图注写

楼梯平面布置图注写内容，包括楼梯间的平面尺寸、楼层结构标高、层间结构标高、楼梯的上下方向、梯板的平面几何尺寸、梯板类型及编号、平台板配筋、梯梁及梯柱配筋等。

2. 剖面图注写

楼梯剖面图注写内容，包括梯板集中标注、梯梁梯柱编号、梯板水平及竖向尺寸、楼层结构标高、层间结构标高等。

梯板集中标注的内容包括：

1）梯板类型及编号。如 AT××。

2）梯板厚度。注写为 $h=×××$。当梯板由踏步段和平板构成，且梯板踏步段厚度和平板厚度不同时，可在梯板厚度后面括号内以字母 P 打头注写平板厚度。

3）梯板配筋。注明梯板上部纵筋和梯板下部纵筋，用分号"；"将上部与下部纵筋的配筋值分隔开来。

4）梯板分布筋。以 F 打头注写分布钢筋具体值，该项也可在图中统一说明。

5）对于 ATc 型楼梯，集中标注中尚应注明梯板两侧边缘构件纵向钢筋及箍筋。

8.1.4 列表注写方式

列表注写方式，系用列表方式注写梯板截面尺寸和配筋具体数值的方式来表达楼梯施工图。

列表注写方式的具体要求同剖面注写方式，仅将剖面注写方式中的梯板集中标注中的梯板配筋注写项改为列表注写项即可。

梯板列表注写示例见图 8-23。

梯板几何尺寸和配筋表

梯板编号	踏步段总高度(mm)/踏步级数	板厚h(mm)	上部纵筋	下部纵筋	分布筋

图 8-23　梯板列表注写示例

注：对于 ATc 型楼梯，尚应注明梯板两侧边缘构件纵向钢筋及箍筋。

8.2　楼梯钢筋翻样

以 AT 楼梯为例，分析楼梯板钢筋的计算过程。

AT 楼梯平法标注的一般模式如图 8-24 所示。

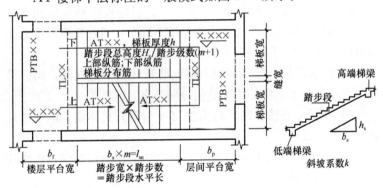

图 8-24　AT 楼梯平法标注的一般模式

1. AT 楼梯板的基本尺寸数据

基本尺寸数据有：梯板跨度 l_n、梯板宽 b_n、梯板厚度 h、踏步宽度 b_s、踏步高度 h_s。

2. 楼梯板钢筋计算中可能用到的系数

斜坡系数 k（在钢筋计算中，经常需要通过计算确定）。

斜长＝水平投影长度×斜坡系数 k

其中，斜坡系数可以通过踏步宽度和踏步高度来进行计算

（如图 8-24 所示）。

斜坡系数 $k = \sqrt{b_s^2 + h_s^2} / b_s$

图 8-25 为 AT 楼梯板钢筋构造图。下面根据 AT 楼梯板钢筋构造图来分析 AT 楼梯板钢筋计算过程。

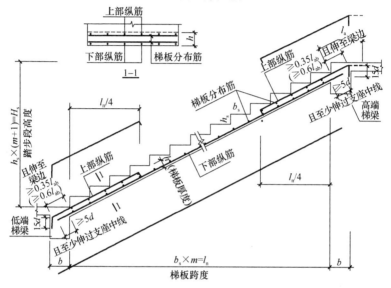

图 8-25　AT 楼梯板钢筋构造

3. AT 楼梯板的纵向受力钢筋

1）梯板下部纵筋位于 AT 踏步段斜板的下部，其计算依据为梯板经跨度 l_n，且其两端分别锚入高端梯梁和低端梯梁。其锚固长度满足 $\geq 5d$，且至少过支座中线。

在具体计算中，可以取锚固长度 $a = \max\left(5d, \dfrac{1}{2}kb\right)$

如上所述，梯板下部纵筋的计算过程为：

① 下部纵筋以及分布筋长度的计算为：

梯板下部纵筋的长度 $l = l_n \times k + 2 \times a$

分布筋的长度 $= b_n - 2 \times$ 保护层厚度

② 下部纵筋以及分布筋根数的计算为：

梯板下部纵筋的根数＝（b_n－2×保护层厚度）/间距＋1

分布筋的根数＝（l_n×k－50×2）/间距＋1

2）梯板低端扣筋位于踏步段斜板的低端，扣筋的一端扣在踏步段斜板上，直钩长度为h_1。扣筋的另一端锚入低端梯梁内，锚固长度为 $0.35l_{ab}$（$0.6l_{ab}$）＋$15d$。扣筋的延伸段的投影长度为$l_n/4$。（$0.35l_{ab}$用于设计按铰接的情况，$0.6l_{ab}$用于设计考虑充分利用钢筋抗拉强度的情况）

由上所述，梯板低端扣筋的计算过程为：

① 低端扣筋以及分布筋长度的计算过程如下：

$$l_1 = [l_n/4 + (b - 保护层)] \times 斜坡系数\ k$$

$$l_2 = 0.35l_{ab}(0.6l_{ab}) - (b - 保护层) \times 斜坡系数\ k$$

$$h_1 = h - 保护层$$

$$分布筋 = b_n - 2 \times 保护层$$

② 低端扣筋以及分布筋根数的计算过程如下：

梯板低端扣筋的根数 ＝（b_n－2×保护层）/ 间距＋1

分布筋的根数 ＝（$l_n/4$×斜坡系数后）/ 间距＋1

3）梯板高端扣筋位于踏步段斜板的高端，扣筋的一端扣在踏步段斜板上，直钩长度为h_1，扣筋的另一端锚入高端梯梁内，锚入直段长度不小于 $0.35l_{ab}$（$0.6l_{ab}$），直钩长度l_2为$15d$。扣筋的延伸长度水平投影长度为$l_n/4$。由上所述，梯板高端扣筋的计算过程为：

① 高端扣筋以及分布筋长度的计算过程如下：

$$h_1 = h - 保护层$$

$$l_1 = l_n/4 \times 斜坡系数\ k + 0.35l_{ab}(0.6l_{ab})$$

$$l_2 = 15d$$

$$分布筋 = b_n - 2 \times 保护层$$

② 高端扣筋以及分布筋根数的计算过程如下：

梯板高端扣筋的根数 ＝（b_n－2×保护层）/ 间距＋1

分布筋的根数 ＝（$l_n/4$×斜坡－2×保护层系数k）/ 间距＋1

参 考 文 献

［1］ 中国建筑标准设计研究院. 22G101-1 混凝土结构施工图平面整体表示方法制图规则和构造详图(现浇混凝土框架、剪力墙、梁、板). 北京：中国计划出版社，2022.

［2］ 中国建筑标准设计研究院. 22G101-2 混凝土结构施工图平面整体表示方法制图规则和构造详图(现浇混凝土板式楼梯). 北京：中国计划出版社，2022.

［3］ 中国建筑标准设计研究院. 22G101-3 混凝土结构施工图平面整体表示方法制图规则和构造详图(独立基础、条形基础、筏形基础、桩基础). 北京：中国计划出版社，2022.

［4］ 中国建筑标准设计研究院. 18G901-1 混凝土结构施工钢筋排布规则与构造详图(现浇混凝土框架、剪力墙、梁、板). 北京：中国计划出版社，2018.

［5］ 中华人民共和国住房和城乡建设部. 工程结构通用规范：GB 55001—2021［S］. 北京：中国建筑工业出版社，2021.

［6］ 中华人民共和国住房和城乡建设部. 建筑与市政地基基础通用规范：GB 55003—2021［S］. 北京：中国建筑工业出版社，2021.

［7］ 中华人民共和国住房和城乡建设部. 混凝土结构通用规范：GB 55008—2021［S］. 北京：中国建筑工业出版社，2021.

［8］ 中华人民共和国住房和城乡建设部. 混凝土结构设计规范：GB 50010—2010(2015 年版)［S］. 北京：中国建筑工业出版社，2010.

［9］ 中华人民共和国住房和城乡建设部. 建筑抗震设计规范：GB 50011—2010［S］. 北京：中国建筑工业出版社，2010.

［10］ 中华人民共和国住房和城乡建设部. 建筑结构制图标准：GB/T 50105—2010［S］. 北京：中国建筑工业出版社，2010.